図解 眠れなくなるほど面白い

統計学の話

教育評論家
放送大学非常勤講師
小宮山博仁
監修

日本文芸社

まえがき

中学で学んだ方程式のように、はっきりとした結果が出る数学と違い、統計や確率はなんとなくファジーな部分がある学問です。しかも見慣れない記号がよく出てくるため、敬遠されてしまうことがあります。

しかし私たちの日常生活を見ると、統計や確率のお世話になっていることが、いかに多いかがわかります。高校で学ぶ数学の中心で、生活に一番密着しているのが統計や確率です。多くの資料（データ）を集め、どのような傾向があるのかを調べるのが統計学です。受験のとき多くの人が目にする「偏差値」は、全体のなかで自分はどこに位置しているかがわかる統計の数値です。

医学の世界では統計を使った研究がだいぶ前から盛んです。コレラ菌が発見される前にコレラと飲料水の相関関係を発見したのは、イギリスの医者のスノウでした。現在ではガンの予防や発症の原因を調べるのに、統計学が大活躍しています。タバコやアスベストと肺ガンの関係の調査が有名です。

このような疫学の調査では、相関関係しかわかりませんが、これをきっかけに病気になる直接的な原因を調べることにつながっていきます。今ではガンは細胞やＤＮＡの研究段階に入り、根本的な因果関係を解明しようとしています。

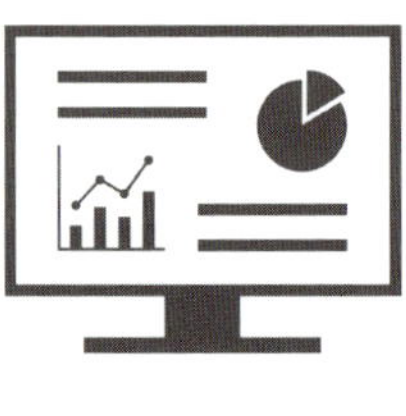

教育の世界でも統計学は注目されています。どのような環境や条件で「学力・能力」が伸びるかの調査が始まっています。本をよく読む、親子の会話が多い、美術館や音楽会に行く、朝食をとるといった項目と学力の関係がかなりあることが、統計的手法で明らかになりつつあります。しかし、まだ因果関係ははっきりわかっていません。これからの課題ですが、統計学がそのきっかけをつくっているといえます。

統計学の世界と一見関係がなさそうに見える、スポーツの世界も例外ではありません。今、スポーツクラブが人気でシニアも増えています。ヨガやエアロビクス、ヒップホップ、ジャズといったダンスや筋トレなどのスポーツと、健康の関係が統計的にわかってきました。また、スポーツをすることによって健康になると、医療費の低減や労働の生産性が上昇し、最終的にはＧＤＰが向上することもわかってきました。ここ数年で一躍有名になったＡＩ（人工知能）も統計学の理論を応用しています。テレビの視聴率や天気予報などの身近な例は、本文で解説しています。この本では、10年前の教科書では教えていなかった「箱ひげ図」（２０２０年から中２の数学に登場）やベイズ統計学のことも触れています。この本を読むと、統計に振り回されることなく、逆に面白くなり、ポジティブな気持ちになるに違いありません。

２０１９年六月吉日　小宮山博仁

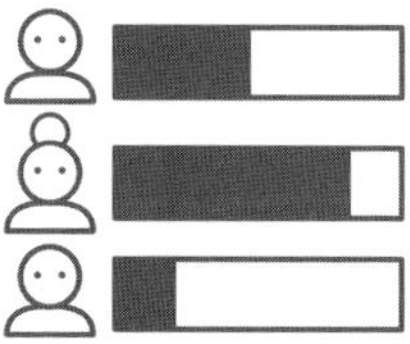

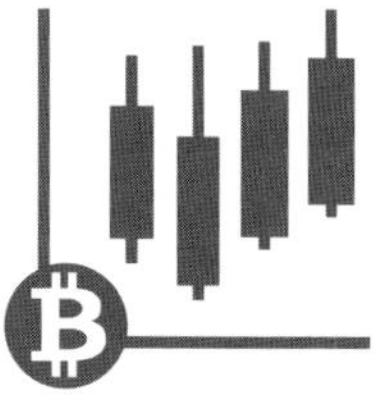

眠れなくなるほど面白い 図解 統計学の話

もくじ

Contents

第6章 〈活用〉日常生活と密着している統計学

・カバーデザイン／BOOLAB.
・本文DTP／松下隆治
・編集協力／酒井和子
長野 亨
オフィス・スリー・ハーツ

プロローグ

統計学ってなんだろう

統計学のルーツを探ってみる

統計が学問として確立するのは17世紀になってからのことですが、それ以前から古代ローマや中国、バビロニアなどでは人口調査などの簡単な統計が行われていました。

古代ローマ帝国の**初代皇帝アウグストゥス（紀元前63〜紀元後14年）**は、国の軍事力を正確に知ることを目的に、兵となる17歳以上の男子の数を調べる調査を行いました。これによって徴兵と徴税を確実なものとしたのです。

日本でも大化の改新（645年）で班田収授法によって全国的な戸籍調査が行われています。この頃の統計はいわば国の実態をとらえるための統計でした。17世紀になると、**ジョン・グラント（1620〜1674年）**が現在の人口統計学のもととなる大量の事象をとらえるための統計を提唱。その考えは経済学の祖といわれている**ウイリアム・ペティ（1623〜1687年）**によって著書『政治算術』としてまとめられました。内容は「国の統治に関する諸事項について数字を用いて推測する」というものです。

イギリスの商人であったグラントは、教会の資料から死亡記録に着目し分析をすることで、さまざまな規則があることに気がつきました。そしてそこ

日本では大化の改新で
班田収授法により戸籍
調査が行われています

統計学のルーツ

↓

人口を調査

人口を正確に把握するための
データを国が統治することに活用

から未来の人口を推測することが可能であることを唱えたのです。グラントやペティは社会事象を数量として把握しながらも、単に数量にとどめず分析により規則性を見出す手法を取りました。このような考え方をさらに発展させたのが、ハレー彗星で知られている**エドモンド・ハレー（1656～1742年）**です。

ハレーは人の死亡についての規則性には予測可能な秩序が存在することを示しました。グラントが考えた生命表を発展的に改良し、「人間の死亡の割合の推計」に関する論文を発表しました。これによって生命保険会社が保険料を適切に算定できるようになったことから、ハレーは生命保険事業の基礎を作ったといわれています。一方、統計学と関係の深い確率論を最初に示したのは数学者で医者でありながら、ギャンブル好きだったイタリアの**ジェロラモ・カルダノ（1501～1576年）**です。カルダノはギャンブルに勝つための方法として確率を考えましたが、その後、確率的事象をとらえるための統計に取り組んだのは、パスカルの定理で知られている**ブレーズ・パスカル（1623～1662年）**と、フェルマーの最終定理で有名な**ピエール・フェルマー（1600年初頭～1665年）**の二人でした。

イタリアのカルダノはギャンブルに
勝つために統計学を研究しました！

統計学のデータ
保険会社が活用
適切な保険料を
算出できます！

統計学の発展に貢献したナイチンゲール

このように統計は社会の要請から生まれたといわれます。医学の分野や新薬の効果を証明する方法として、統計はなくてはならないものです。喫煙と病気の関係、病気の罹《り》患率《かんりつ》と死亡の関係などを例として、医学と統計の関係は現代では当たり前のこととして受け入れられています。

医学と統計の関係が鮮明になったのは19世紀のことです。この頃になると統計は生活上の問題解決のため活用されるようになります。

イギリスの看護師**フローレンス・ナイチンゲール（1820～1910年）**はクリミア戦争（1853～1856年）で看護活動に従事し、そこで目の当たりにした傷病兵の実態を統計の知識を生かして分析し、衛生状態の改善に役立てました。ナイチンゲールは数学や統計の知識をもっていたので、多くのデータを集め原因の解明ができました。しかし人に理解してもらうためには説得力が必要です。

そこでナイチンゲールは円グラフの一種、「鶏《にわとり》のとさかグラフ」を考案してプレゼンテーションをしたのです。

言葉だけでは難しい現状をグラフという目に見える形にしたことで、周囲

鶏のとさかグラフ

↓

グラフ化することで目に見える形になりわかりやすい

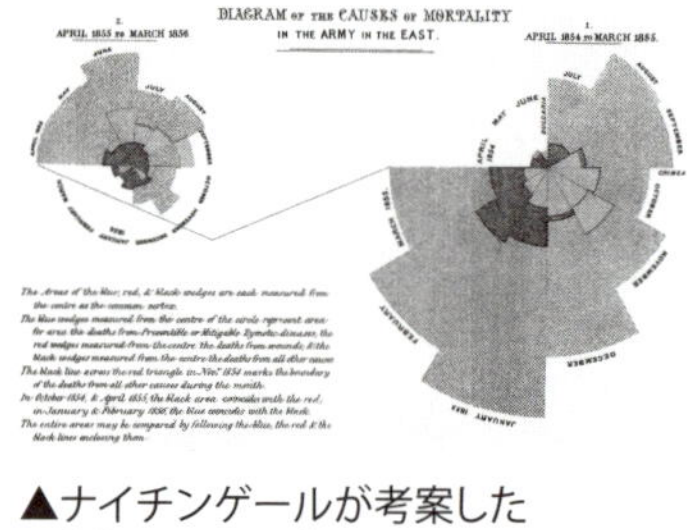

▲ナイチンゲールが考案した「鶏のとさかグラフ」

の理解を得られた結果病院の衛生状態は改善され、傷病兵の死亡率を激減させることに貢献したのです。これによってナイチンゲールは、統計学の基礎を築いた先駆者と考えられています。

１８６０年には国際統計会議に出席し、病院統計の統一基準を提案するなど、統計にかかわる仕事で活躍し、女性としてははじめてイギリスの王立統計協会の会員にも選ばれています。

同じく統計で医学に貢献した人物に、イギリスの医学者**ジョン・スノウ（１８１３〜１８５８年）**がいます。19世紀のロンドンではコレラが大流行していましたが、スノウは統計でコレラの発祥地を突き止め、コレラ大流行を阻止しました。まだコレラ菌が発見される前のことです。コレラで亡くなった人がいる家でもコレラにならない人がいること、どの地域にコレラにかかった人が多くいるのかなど、様々なデータを集め分析し原因を究明していきました。

綿密に繰り返される調査の結果、スノウは汚染された水を飲む人がかかるという仮説を立て、コレラの大流行を阻止することに成功しました。スノウの分析が見事に的中したことが証明されたのです。

疫病の流行を研究する学問のことを疫学（分析疫学）といいます。病気と健康との関係を、統計分析で詳しく調べる研究のことも疫学といいます。

日常生活と密接な関係がある統計学

18世紀にはイギリスの経済学者、**ロバート・マルサス（1766〜1834年）**が過去の統計をもとに、将来の経済状況を予測できると説《と》きました。マルサスの人口と食糧に関する理論は、現在も注目されています。マルサスは経済学史に必ず出てくる「人口論」を著《あらわ》した経済学者です。19世紀から国家が政治や行政に統計を活用しようという傾向が高まり、20世紀に入ると統計学は一気に需要が増して進化していきます。

そして現代、一時は忘れ去られていた**トーマス・ベイズ（1702〜1761年）**のベイズ理論が脚光を浴び、コンピュータのメールや人工知能など広い分野に利用されています。

統計がすぐれている点は、過去の情報を分析することで現在を知り、未来までも予測が可能なところです。

たとえば代表的な大規模な調査のひとつに世論調査があります。国や地方自治体、マスメディアなどによって行われる個人を対象とした意識調査です。これによって国民の意見や意識を把握するもので、内閣支持率や政党支持率などがあります。そのとき重要なのは無作為抽出《ちゅうしゅつ》（ランダムサンプリン

ジェロラモ・カルダノ ➡ **確率論**
ロバート・マルサス ➡ **経済の予測**
トーマス・ベイズ ➡ **人工知能**

統計学は日常生活に
次々と活用される
学問となりました!

グ）です。

調査対象が偏《かたよ》っていては意味がないので、対象者は確率的に操作し無作為に選ばれることが条件になります。選挙の当選速報は開票率が１％であっても当選確実がでることがありますが、これは全体の得票率は出口調査などで一部を見れば予測が可能だという、統計の考え方によるものです。テレビ番組がどのくらい見られているかを調査するのは視聴率です。テレビ番組が対象となる大規模な調査はサンプリングして実施されます。身近なところでは毎日の天気予報があります。

明日は晴れなのか雨なのか雨が降るなら何％の確率なのか、毎日発表される気象予報や降水確率は、気象庁に蓄積されている過去のデータを参考にして行われているのです。野球の好きな方にはひいきの選手の活躍ぶりは気になります。投手なら勝率・防御率、打者であるなら打率などが選手の能力を示す指標になります。

宝くじも確率で計算されますが、１枚の宝くじが当たったときに受け取る金額を期待値として計算すると、日本年末宝くじの場合は、１枚３００円の場合の期待値は１４４円程度です（１１８ページ参照）。

生活と密着している統計学

- 選挙の当選確率
- テレビの視聴率
- 気象の降水確率

…など

統計データは未来を予測する重要なデータとなるのです！

統計学における代表的な3つの考え方

統計学とは、調査結果から得られたバラツキのあるデータを集約し、様々な手法を用いて、調査対象から読み取れる規則性あるいは不規則性を見出す学問のことをいいます。

統計学とひとくちにいっても、様々な分野に区分けできます。その代表的なものに「記述統計学」「推測統計学」「ベイズ統計学」があります。

「記述統計学」は学校で、クラス全体のテストの成績や身長の調査などに使われます。それらのバラツキなどを図表化（折れ線グラフや棒グラフなど）することにより、視覚的に全体の姿がわかります。しかし「記述統計学」には弱点があります。例えば、全国の小学6年生の平均身長はどれくらいなのかを求めるとき、全国の小学6年生全員の身長を調べるにはお金と時間がかかります。

このような数値を求めるときに使われるのが「推測統計学」なのです。

「推測統計学」は小学6年生という全体（母集団）から、アトランダムに一部を抜き出し（標本）、その調査結果から全体の姿（母集団）を推測するというも

統計は、同じデータからでも分析方法やその数字の扱い方によって、読み取れる情報が変わってきます。

のです。

「記述統計学」には「母集団」と「標本」という考え方はありません。それは「母集団＝標本」になるからです。このように「記述統計学」や「推測統計学」は実際に調査したデータをもとに分析しています。しかし**「ベイズ統計学」は最初の確率をもとに、次々と新たなデータで確率を求めようとする点が違います。**「記述統計学」や「推計統計学」には標本という考え方が存在していますが、「ベイズ統計学」には標本という考え方が必ずしも存在していないのです（120ページ参照）。

総務省統計局のサイトによると統計には3つの考え方とともに、3つの流れもあります。国の実態をとらえるための統計、大量の事象をとらえるための統計、確率的事象をとらえるための統計です。

代表的な統計学における3つの考え方

記述統計学	推測統計学	ベイズ統計学
実際に標本すべてを調査して全体像をとらえる方法	母集団から一部の標本を抽出して全体像をとらえる方法	限られたデータから全体像を推測していく

統計には3つの流れがある

①国の実態をとらえるための「統計」
②大量の事象をとらえるための「統計」
③確率的事象をとらえるための「統計」

※総務省統計局のホームページより

Column ①

大量のデータは未来を予測することができる

統計によって得たデータはスポーツの世界でも活用されています。たとえば野球もひとつの例としてあげられるでしょう。Ａという打者がいます。右投手に対しては、ヒットを打つ打率が４割なのに対し、左投手に対しては２割程度というデータがあったとします。このデータから、Ａという打者は左投手が苦手ということがわかります。もし２アウト満塁というようなときに、この打者を迎えたとしましょう。投げている投手が右投手なら、ヒットを打たれる可能性が高く、左投手なら抑えられる可能性が高いことが予測できます。

これは極端な例ですが、このように過去のデータから未来を予測することを可能にするのが統計によって得たデータの力なのです。しかし、このデータは100%完全なものではありません。右投手に対しては４割の打率があるとはいえ、10回に６回は抑えられているのです。

110ページで紹介する、降水確率に似ている考え方かもしれません。しかし可能性が高いか低いかを事前に把握することは日常生活において無駄なことではありません。私たちの世界では統計によって得たデータは、未来を予測するひとつの指針となっているのです。

第1章

基本

統計学の基本と活用方法

グラフは統計学のはじめの一歩

統計と聞いただけで、尻込みする人もいるかもしれません。

実は、小学校の算数や理科や社会科の教科書に出てくるグラフが統計の第一歩なのです。統計の定義は次のようになっています。「集団における個々の要素の分布を調べ、その集団の傾向、性質などを数量的に統一的に明らかにすること」（広辞苑より）。

小学校の中学年以上になると、算数の授業で、折れ線グラフ、棒グラフ、円グラフを学びます。これらは、集められた資料から集団の特徴や傾向を、瞬間的に視覚でとらえることが可能となります。 複雑そうなことをわかりやすく、一般の人にも伝えることを可能にするのが「統計」といってもよいかもしれません。

グラフを作成するには資料が必要です。それをまず「表」にし、それからグラフを作成する作業をするのが一般的です。

折れ線グラフは変化がよくわかり、棒グラフは量をともなった変化がわかり、円グラフは全体の割合がよくわかるといった特徴があります。 統計では、資料のことを「データ」と呼び、データの数量を「変量」といっています。

次のページに示された3つの図表を見てください。Aのデータをもとに3つのグラフを作成してみました。Bの折れ線グラフ、Cの円グラフ、Dの棒グラフです。Aの表を見ただけではどのように変化しているのかがわかりません。しかし折れ線グラフや円グラフや棒グラフを見ると、その変化を視覚的に瞬時に読み取ることができます。

データを整理して表やグラフにすると、色々なことを発見できます。

【図A】日本の輸出相手国貿易額の推移（単位：億円）

	2000 年	2005 年	2010 年	2015 年	2018 年
総額	516.542	656.565	673.996	756.139	814.788
アメリカ	153.559	148.055	103.740	152.246	154.702
中国	32.744	88.369	130.856	132.234	158.977
韓国	33.088	51.460	54.602	53.266	57.926
台湾	38.740	48.092	45.942	44.725	46.792

※財務省貿易統計より

折れ線グラフにする

【図B】各国の金額の推移

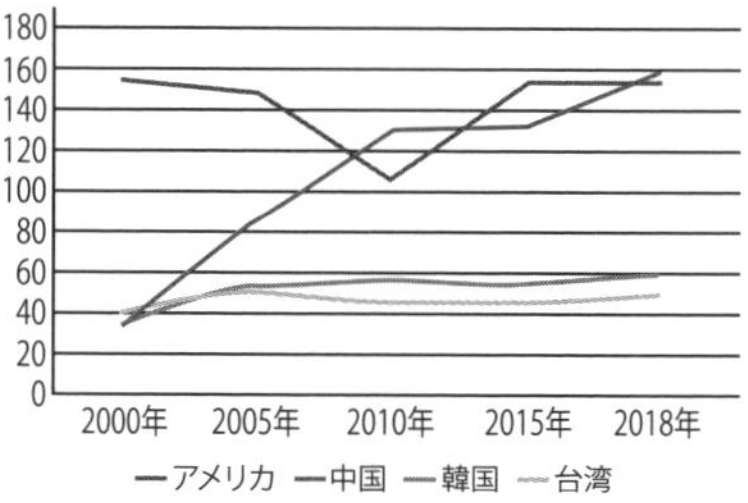
180
160
140
120
100
80
60
40
20
0
2000年 2005年 2010年 2015年 2018年
アメリカ 中国 韓国 台湾

円グラフにする

【図C】2018年の各国の貿易金額の割合

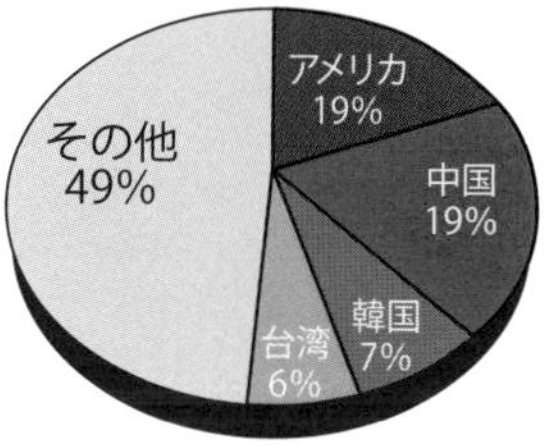
アメリカ 19%
中国 19%
韓国 7%
台湾 6%
その他 49%

棒グラフにする

【図D】各国の金額の推移

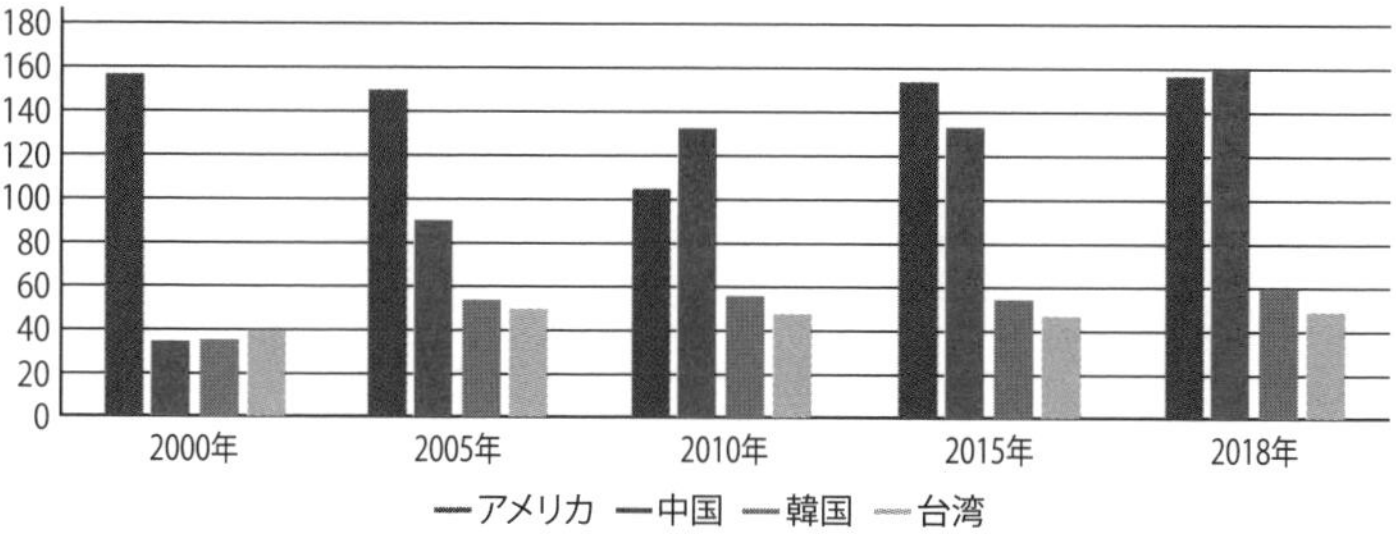
180
160
140
120
100
80
60
40
20
0
2000年 2005年 2010年 2015年 2018年
アメリカ 中国 韓国 台湾

データを様々なグラフにすると視覚的に全体の姿をとらえることができます！

データを整理して度数分布表をつくる

データを集めるだけでは数が並んでいるだけで、どのような傾向なのかを知ることはほとんどできません。しかし、一定の約束ごとを決めて整理していくと、見えなかったものがハッキリと見えてきます。

左ページのデータは、3年X組の男子と女子の1週間の家庭学習の時間を調べた結果です。男子は15人、女子は20人で単位は時間とします。【図A】と【図B】は単にデータを集めただけです。4時間をひとつの区切りとして、その区間に入っている人数を男子と女子別に調べたものが【図C】と【図D】です。【図C】と【図D】は、【図A】や【図B】よりもすっきりしますが、数字が不規則に並んでいるため特徴をつかむことは難しいです。ここで、これらのデータを整理して表や図にするための用語をいくつか覚えましょう。データを整理するために用いる区間を**「階級」、区間の幅を「階級の幅」、階級の真ん中の値《あたい》を「階級値」といいます。【図C】や【図D】の表では、階級は6つあります。**

0～4や4～8が階級で、前者の階級値は2、後者は6です。各階級の両端の平均値が階級値といっていいでしょう。階級に入っているデータの値の個数を、その階級の「度数」といい、各階級に度数を対応させたものを度数分布といいます。それを表にしたものが「度数分布表」です（階級値は通常書いてありません）。CとDの度数の合計は必ず書いてください。検算の役割をします。

度数分布をグラフ（棒グラフ）にした図が「ヒストグラム」です。度数分布表よりも。ヒストグラムのほうがデータの分布を目で確かめることができます。【図E】と【図F】がヒストグラムです。

3年X組男女別一週間の家庭学習時間

【図A】

男子

21	7	13	19	0
8	1	15	17	3
4	5	6	2	11

【図B】

女子

2	10	5	8	15
20	18	3	7	9
19	4	6	11	22
17	10	5	16	13

【図C】男子度数分布表

家庭学習時間	度数	階級値
以上～未満		
0～4	4	2
4～8	4	6
8～12	2	10
12～16	2	14
16～20	2	18
20～24	1	22
合計	15	

【図D】女子度数分布表

家庭学習時間	度数	階級値
以上～未満		
0～4	2	2
4～8	5	6
8～12	5	10
12～16	2	14
16～20	4	18
20～24	2	22
合計	20	

【図E】男子のヒストグラム

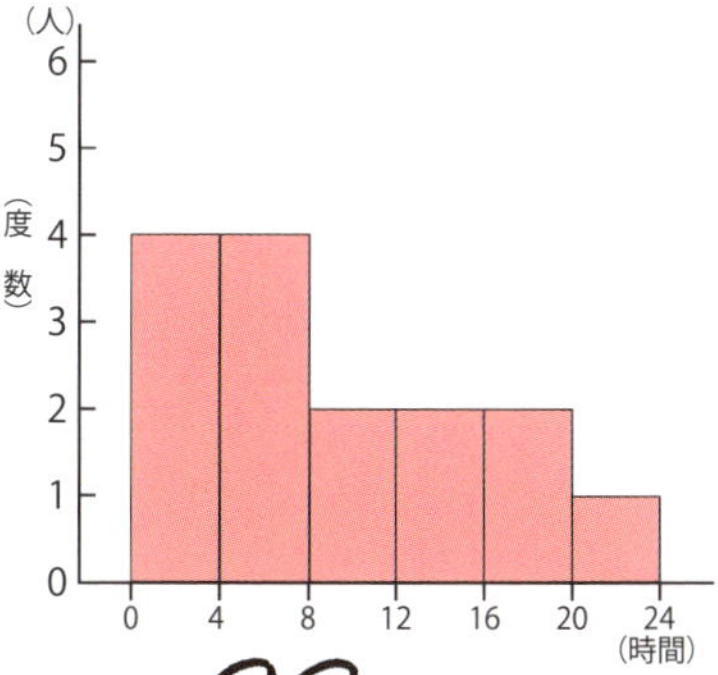

【図F】女子のヒストグラム

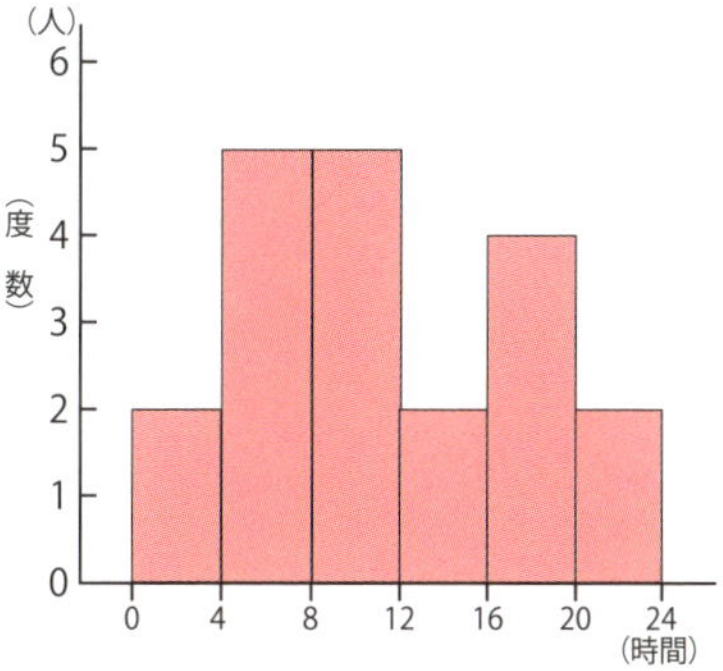

度数分布表だけではわからなかった全体像がヒストグラムにするとわかります！

データを比較するときに便利な相対度数

前項の例では、男子と女子の人数が異なっていますから、度数だけを見ていては、本当に男子の家庭学習時間が少ないのかが判明しません。度数の代わりに各階級の度数を度数の合計で割った値を使うと便利です。この値を「相対度数」といいます。**相対度数を求める式は、「ある階級の相対度数＝ある階級の度数÷全体の度数の合計」になります。**これは、ある階級の度数が全体のどれだけを占めているかを示す割合の数字で、普通は小数で表すことになっています。

【図A】と【図B】は3年X組の「男子と女子の1週間の家庭学習時間」の相対度数をまとめたものです。相対度数に関しては、場合によってはやっかいな問題が発生します。【図B】はすべての階級で割り切れたので、相対度数を全部足すと1になります。しかし【図A】の場合は、すべての階級の相対度数が割り切れません。四捨五入して小数第4位まで求められています。この場合は相対度数をすべて足すと1になっていますが、四捨五入の関係で1にならないケースがあることを覚えておいてください。

統計はグラフで示すことによって傾向や特徴がより明らかになります。【図C】は【図B】の相対度数分布表を棒グラフのヒストグラムで表したものです。21ページの【図F】のヒストグラムと比べてみてください。【図F】はタテ軸が度数、23ページの【図C】は相対度数という割合になっている違いはありますが、グラフの形は同じです。

度数のヒストグラムは大きな数量になると、グラフにするのが難しくなることがあります。しかし相対度数は、0から1の範囲なのでタテの軸はすっきりします。

【図A】男子の相対度数分布表

家庭学習時間	度数	相対度数
以上～未満		
0～4	4	0.2667
4～8	4	0.2667
8～12	2	0.1333
12～16	2	0.1333
16～20	2	0.1333
20～24	1	0.0677
合計	15	1

【図B】女子の相対度数分布表

家庭学習時間	度数	相対度数
以上～未満		
0～4	2	0.1
4～8	5	0.25
8～12	5	0.25
12～16	2	0.1
16～20	4	0.2
20～24	2	0.1
合計	20	1

【図C】
相対度数ヒストグラム

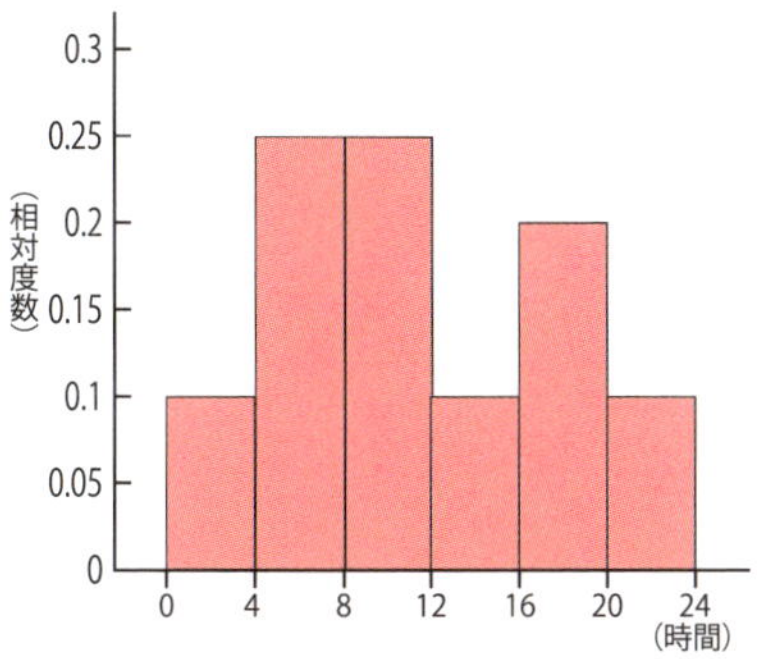

◆21ページ【図F】のヒストグラム

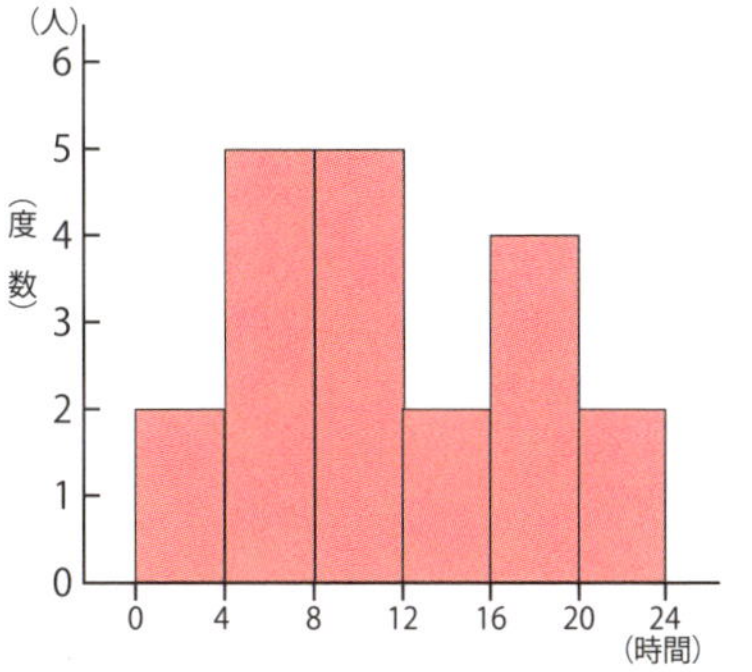

累積相対度数折れ線を作成してみる

相対度数を小さい階級から特定の階級の値まで合計して得られる値が「累積相対度数」です。女子の４～８の階級の累積相対度数は0.1＋0.25＝0.35で、0.35となります。16未満は全体の70％です。「これまでの階級で全体の何％を占めているか」ということがひと目でわかります。

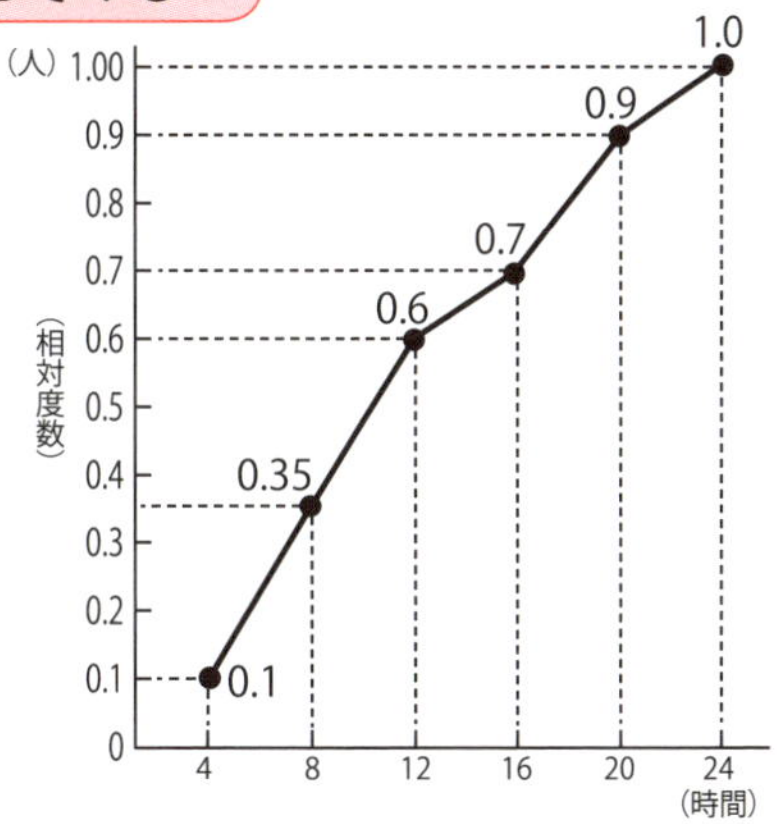

算数で学んだ平均をもっとよく調べてみる

平均という言葉は日常生活でよく使います。

小学5年生で平均を学びます。平均は統計を知るためのはじめの一歩です。「6個のカキがあります。それぞれ①150g ②200g ③220g ④160g ⑤180g ⑥260gの重さがありました。このカキの重さの平均を求めましょう」といった平均の問題は、「単位量あたりの大きさ」の項目で学んだはずです。6個のカキの①から⑥までの合計は、150＋200＋220＋160＋180＋260＝1170、1170÷6＝195g／個。これはカキ1個あたり195gということを示しています。

この例の**平均は「時速100km（1時間あたり100km進む）」といった速さと同じ「1つあたりの量」であることがわかります。**

いくつかの数量を等しい大きさになるようにならしたものを「平均」といい、平均は「合計÷個数」という式で求めることができます。①から⑥までのカキがデータで、それぞれの重さがデータの値となります。20ページで紹介した、3年X組の女子の家庭学習時間の平均を求めてみます。時間の合計は220時間ですから、20人で割り、11時間となります。

これを一般式で示すと次のようになります。

xを変量とし、データn個の値、$x_1 + x_2 \cdots x_n$が与えられているとき、$\frac{1}{n}(x_1 + x_2 + \cdots + x_n)$をデータの「平均値」といい「$\bar{x}$」で表します（$\bar{x}$はエックスバーと読みます）。統計学では「代表値」のひとつとしてこの平均値が知られています。この$\bar{x}$はこれから何回も出てくる重要な記号です。いくつかのデータを比べるときに、データの特徴をひとつの数値で表すと比較しやすくなります。

3年X組男女別一週間の家庭学習時間

男子

21	7	13	19	0
8	1	15	17	3
4	5	6	2	11

女子

2	10	5	8	15
20	18	3	7	9
19	4	6	11	22
17	10	5	16	13

家庭学習時間	度数	階級値
以上～未満		
0～4	4	2
4～8	4	6
8～12	2	10
12～16	2	14
16～20	2	18
20～24	1	22
合計	15	

家庭学習時間	度数	階級値
以上～未満		
0～4	2	2
4～8	5	6
8～12	5	10
12～16	2	14
16～20	4	18
20～24	2	22
合計	20	

女子の家庭学習時間の平均を求める

$(2+10+5+8+15+20+18+3+7+9+19+4+6+11+22+17+10+5+16+13)\div 20=220\div 20=11$時間

男子の平均値も同様にして調べると8.8時間

統計データから男女間で平均学習時間が違ってきます。データから「なぜ差が出たのだろう」という疑問が出てきます。その理由を分析するのも統計学のひとつなのです！

上記の度数分布表から女子の平均値を求める

$\frac{1}{20}\times(2\times 2+5\times 6+5\times 10+2\times 14+4\times 18+2\times 22)=\frac{1}{20}\times(4+30+50+28+72+44)=\frac{1}{20}\times 228=11.4$

※データから求めた平均値と度数分布表から求めた平均値が異なるケースがあります

データの特徴を表す中央値(メジアン)と最頻値(モード)

統計でよく使う代表値に平均値以外では、中央値(メジアン)と最頻値《さいひんち》(モード)があります。

中央値(メジアン)について説明してみましょう。

【図A】を見てください。この表だけでは、3年X組の女子の家庭学習時間の傾向は、まったくわからないといってもいいと思います。しかしこの20個のデータを小さいほうから順に並べると、一定の傾向をつかむことができます。このとき中央の順位にくる値を中央値といいます。3年X組の女子は20人で、まん中には数値がありません。そのため偶数2n個のときは、第n番目と第n+1番目のデータの値の平均値を「中央値」とします。10番目と11番目の平均値ですから、10時間となります。3年X組の女子の場合は、平均値は11で中央値は10となります。次に男子の場合を調べてみましょう。男子は15人なので奇数です(【図B】)。そのため8番目の7が中央値になります。平均値は8.8でしたから、平均値と中央値の乖離《かいり》は男子のほうが大きいことになります。

次に**最頻値(モード)**を説明しましょう。最頻値とは、データを度数分布表に整理したとき、度数が最も多い階級の階級値のことをいいます。【図C】は、3年Y組の女子20名のデータです。これをもとにして度数分布表にしたのが【図D】です。

【図D】をもとにしてヒストグラムを描くと【図E】のようになります。【図E】のヒストグラムを見ると、3年Y組の女子の家庭学習時間の傾向がはっきりとわかります。3年Y組女子の平均値は11・05、中央値は11・5、最頻値は14です。X組女子と比べてみましょう。

【図A】

3年X組女子家庭学習時間

2	10	5	8	15
20	18	3	7	9
19	4	6	11	22
17	10	5	16	13

単位：時間

→ 小さい順に並び替える

2 3 4 5 5 6 7 8 9 10 10 11 13 15 16 17 18 19 20 22

10番目と11番目

平均値は11

$\frac{1}{2}\times(10+10)=10$時間 ＝ 中央値

【図B】

3年X組男子家庭学習時間 ⇨ 0 1 2 3 4 5 6 7 8 11 13 15 17 19 21

中央値

平均値は8.8

【図C】

3年Y組女子家庭学習時間

8	13	0	2	23
14	19	5	7	10
12	6	11	13	17
4	15	10	14	18

単位：時間

【図D】3年Y組女子の度数分布表

家庭学習時間	度数	階級値
以上～未満		
0～4	2	2
4～8	4	6
8～12	4	10
12～16	6	14
16～20	3	18
20～24	1	22
計	20	

【図E】6年Y組女子のヒストグラム

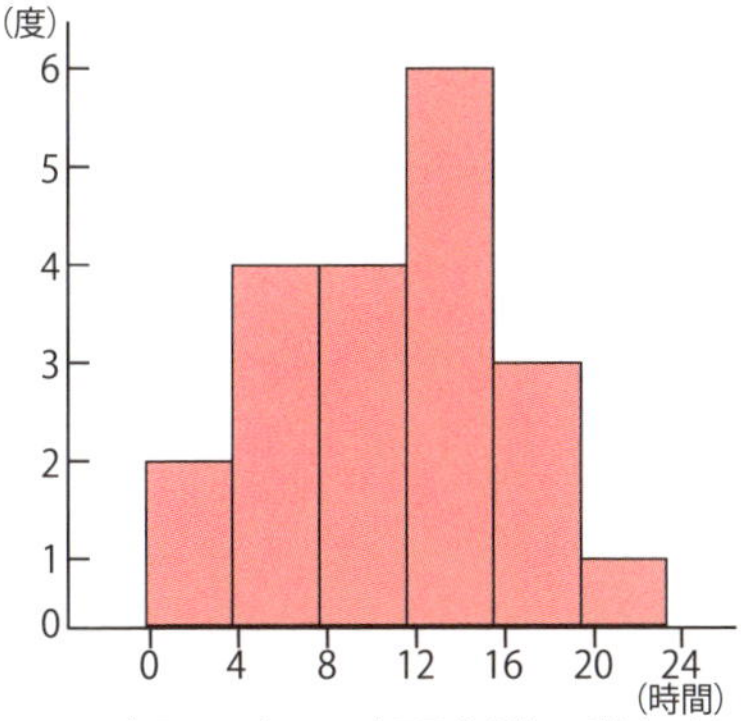

12時間以上16時間未満の階級値

$\frac{1}{2}\times(12+16)=14$時間 ＝ 最頻値

最近よく統計に出てくる箱ひげ図を知る

左ページの【図A】は統計で使われる「箱ひげ図」です。来年（２０２０年）から中学の数学に登場します。**箱ひげ図を理解するには「四分位数《しぶんいすう》」を知らなくてはなりません。**

箱ひげ図は四分位数をもとにして描きます。３年Ｘ組女子の20個のデータを使って説明してみましょう。データは全部で20個ありました。中央値は10となります。中央値を境にしてデータの値の個数が同じになるように２つに分けます。２つに分けたうち、左の最小値を含むデータ（２から10までの10個）の中央値は5.5となります。右の最大値を含むデータ（10から22までの10個）の中央値は16.5です。２から22までの20個のデータを、等しく四分割していることになります。

全体の中央値の左の５と６の中央値5.5を「第１四分位数」、全体の中央値の値を「第２四分位数」、右側の16と17の中央値16.5を「第３四分位数」といっています。それぞれQ_1、Q_2、Q_3で表します。これらを合わせて**「四分位数」**といいます。全体を四分割していますから、それぞれは25％になります。Q_1は25％、Q_2は50％、Q_3は75％に対応する数値であることがわかります。このような四分位数を利用して、箱ひげ図をかいたものが【図B】です。データの分布は、先の四分位数を利用すると、５つの数値で表すことができます。直線で考えるとわかりやすいです（【図C】）。

データの分布は【図B】のように、**最小値、第１四分位数、第２四分位数、第３四分位数、最大値の５つの数値を使うと便利です。この５つの数値を「５数要約」といいます。**

３年Ｘ組の箱ひげ図とヒストグラムは【図D】【図E】のようになります。

【図A】箱ひげ図

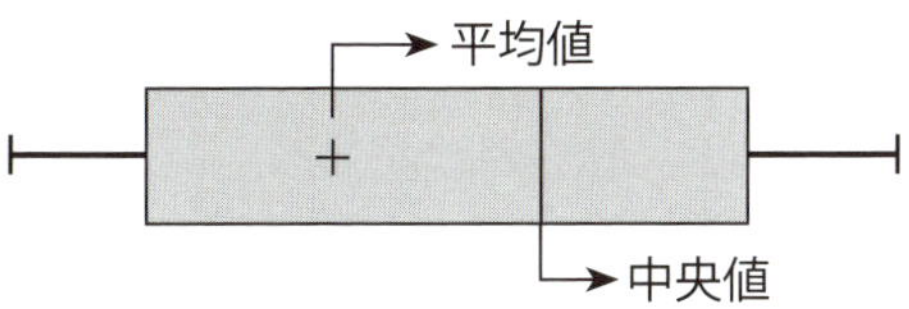

＜四分位数とは＞

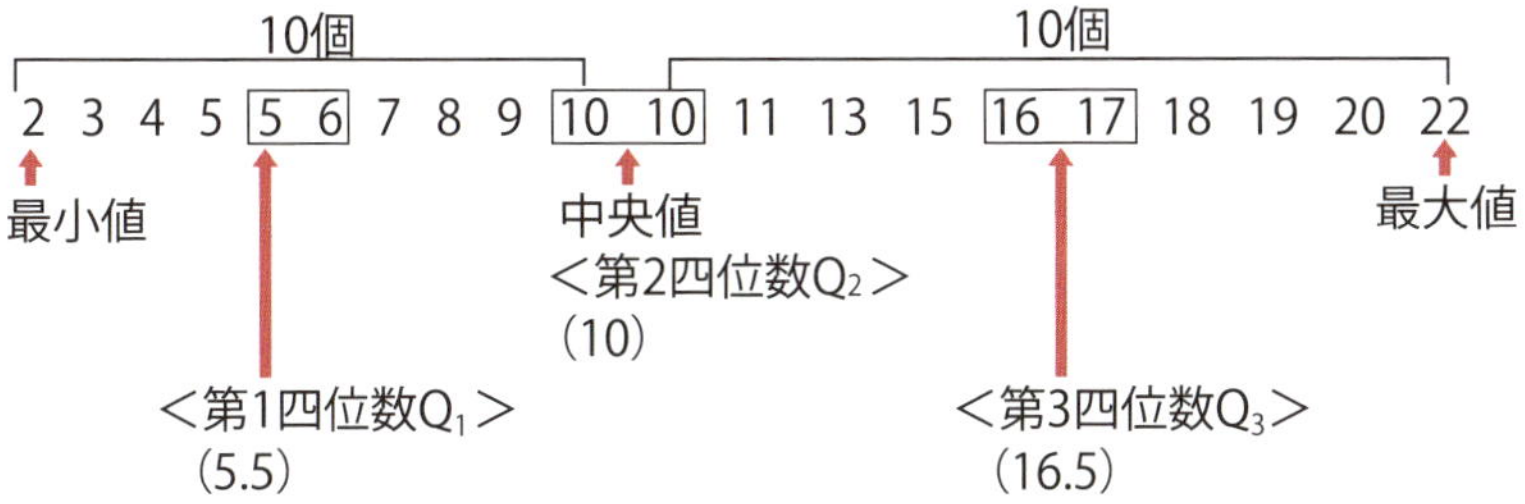

【図B】

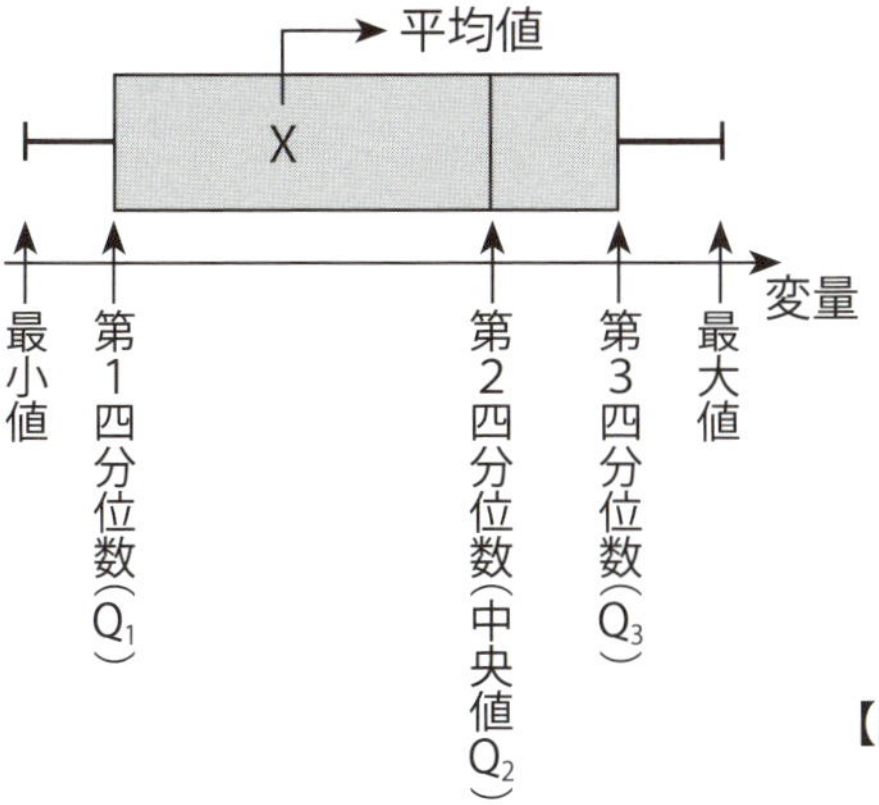

【図C】
直線ＡＢを四分割した図

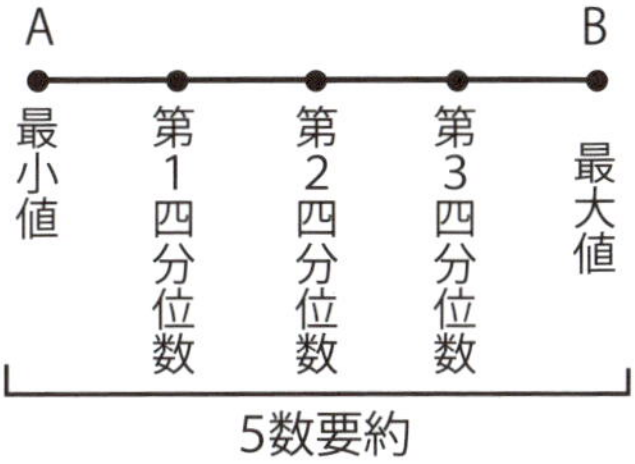

【図D】3年Ｘ組女子

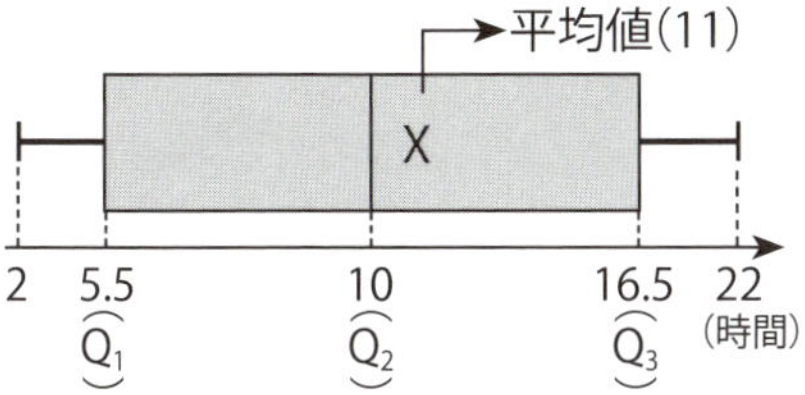

＜箱ひげ図とヒストグラム＞

【図E】

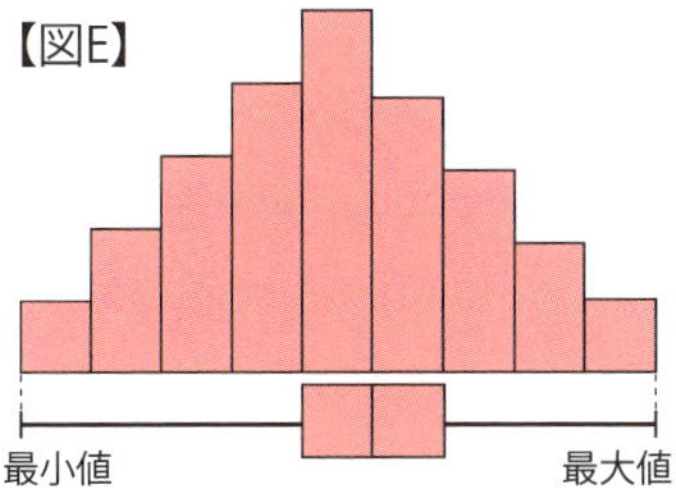

上図のようにひとつの山のヒストグラムの場合、ヒストグラムの山の高い部分に箱ひげ図が対応します。最小値と最大値部分は「ひげ」が対応しています。

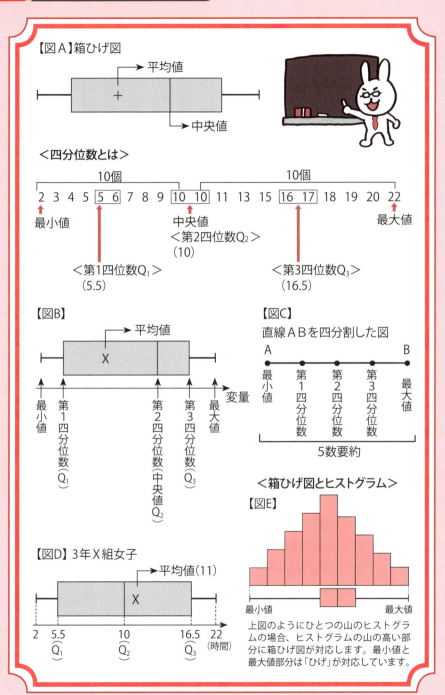

データの散らばりがわかる箱ひげ図

あるデータにおいて、データの分布の範囲がわかっていると全体の特徴をつかむときに便利です。**範囲とは最大値から最小値のことであり、この範囲のことをレンジともいいます。**

箱ひげ図を利用すると、より的確に表すことが可能となります。**Q_3からQ_1をひいた値を「四分位範囲」といい、四分位範囲を2で割った値を「四分位偏差」といいます**（【図A】の箱ひげ図を見てください）。

前項までに登場した3年X組の女子と3年Y組の女子の分布を箱ひげ図で比較してみました。3年X組の女子の箱ひげ図は【図B】です。3年Y組女子の箱ひげ図も同様にして作成すると、【図C】になります。

【図B】と【図C】の箱ひげ図をよく見てください。Q_1、Q_2、Q_3といった代表値を利用すると、全部のデータを使って表示したヒストグラムや折れ線グラフよりもシンプルなことは明らかです。棒グラフのヒストグラム、折れ線グラフはデータが増えるにつれ、グラフも増えていき、作成する作業時間だけでなく表示するスペースも足りなくなってきます。3年X組やY組のように、2ケタのデータならグラフで表示するのは、さほど時間もスペースも必要としません。これがもし、何百、何千といったデータになると大変ですね。**箱ひげ図は、最小値、最大値、Q_1、Q_2、Q_3、それに平均値を入れても6つの数値が決まればよいので、コンパクトに描くことができます。**

【図B】と【図C】を比べると傾向や違いがわかってきます。四分位範囲に着目するのがポイントです。【図B】と【図C】では【図C】のほうが散らばりの範囲が小さいことがわかります。

【図A】箱ひげ図

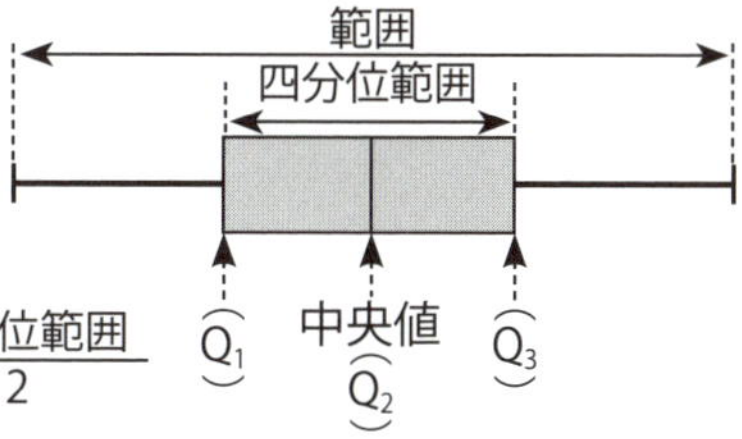

四分位偏差＝$\frac{四分位範囲}{2}$

＜3年Y組女子の箱ひげ図を作る＞

10個　　10個

0　2　4　5　[6　7]　8　10　10　11　12　13　13　14　[14　15]　17　18　19　23

$\frac{1}{2}$×(11＋12)＝11.5…中央値
＜Q_2＞

$\frac{1}{2}$×(6＋7)＝6.5
＜Q_1＞

$\frac{1}{2}$×(14＋15)＝14.5
＜Q_3＞

【図B】
3年X組女子の箱ひげ図

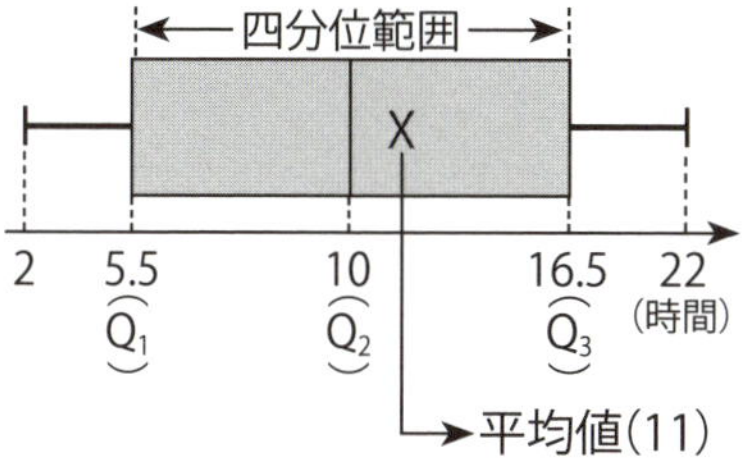

【図C】
3年Y組女子の箱ひげ図

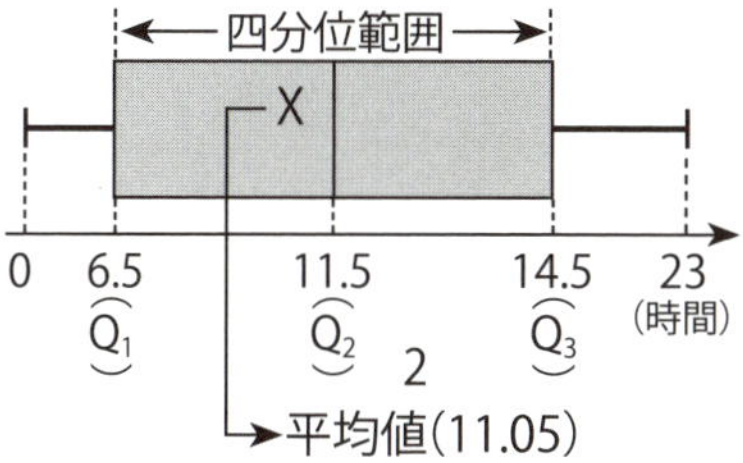

四分位偏差は【図B】$\frac{1}{2}$×(16.5−5.5)＝5.5
　　　　　　【図C】$\frac{1}{2}$×(14.5−6.5)＝4

平均値	【図B】⇨11	【図C】⇨11.05
中央値	【図B】⇨10	【図C】⇨11.5
四分位偏差	【図B】⇨5.5	【図C】⇨4

3年Y組女子【図C】のほうが散らばりが小さいことがわかります

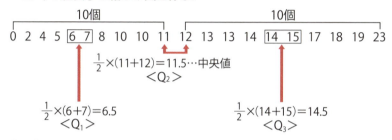

データの散らばり具合がわかる標準偏差

3年X組で数学のテストを行いました。参加者は男子が12名、女子が10名でした。それぞれの得点は【図A】のようになりました。これを度数分布表にすると【図B】になります。階級が多くしかも散らばりが大きいのでヒストグラムでは表しにくいデータです。これでは男子と女子の特徴はつかめません。

箱ひげ図ではどうなのかを考えてみましょう。女子と男子の点数を小さい順に並べて、中央値（Q_2）と平均値、さらにQ_1とQ_3を求めます。完成した箱ひげ図が【図C】と【図D】です。

このデータの散らばり具合は、**数値で表すことができます。この値を「分散」といい、普通は「標準偏差」で表します（データの値と平均値の差を「偏差」といいます）**。女子の場合、54点なら54－68＝－14、85点なら85－68＝17となります。54点のときは平均値より14離れている、85点の時は17離れていると解釈できます（中学生のときに学んだ絶対値を思い出してください）。偏差を利用するとデータの散らばり具合がわかるはずです。しかし、このまま各偏差を求めたらどうなるでしょうか。女子の偏差をすべて順番に書き並べてみます。

（−14）、（−12）、（−10）、（−4）、（−1）、（1）、（3）、（8）、（12）、（17）

となり、すべて足すと0になり散らばり具合がわかりません。それを解消するために**それぞれの偏差を2乗し、その平均を求めます。その値を「分散（S^2）」といい、その数値をもとにして「標準偏差S」が求められます。**

単位がついている数値の積S^2は、単位が変わります。単位をもとのデータの値に合わせるために、正の平方根をとりSとします。

【図A】

男子					
60	45	72	86	50	53
94	48	63	91	81	75

単位：点

女子				
67	56	80	71	58
76	85	69	54	64

単位：点

【図B】3年X組数学テスト結果・度数分布表

テスト点数（階級）以上～未満	男子度数	女子度数
45 ～ 50	2	0
50 ～ 55	2	1
55 ～ 60	0	2
60 ～ 65	2	1
65 ～ 70	0	2
70 ～ 75	1	1
75 ～ 80	1	1
80 ～ 85	1	1
85 ～ 90	1	1
90 ～ 95	2	0
計	12	10

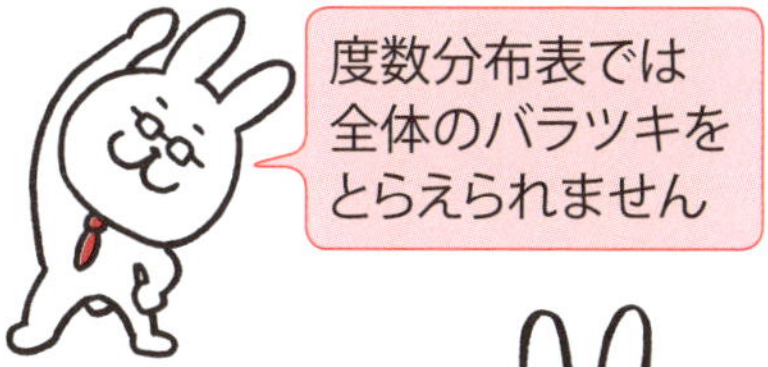
度数分布表では
全体のバラツキを
とらえられません

箱ひげ図を作成
するとバラツキが
わかります

【図C】男子の箱ひげ図

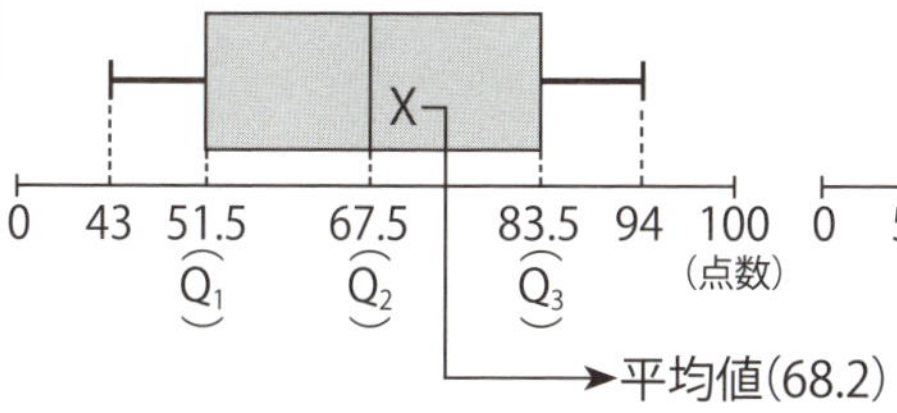
X
0
43
51.5
67.5
83.5
94
100
（点数）
Q1
Q2
Q3
平均値（68.2）

【図D】女子の箱ひげ図

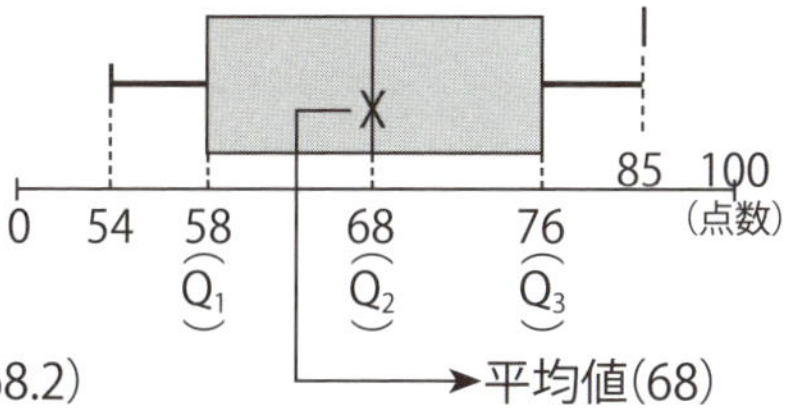
X
0
54
58
68
76
85
100
（点数）
Q1
Q2
Q3
平均値（68）

＜分散と標準偏差の一般式＞

分散　データのn個の値を x_1、$x_2 \cdots x_n$ とし、
その平均値を $\bar{x}$ とします。

$$S^2=\frac{1}{n}\left\{(x_1-\bar{x})^2+(x_2-\bar{x})^2+\cdots(x_n-\bar{x})^2\right\}$$

標準偏差　$S=\sqrt{\frac{1}{n}\left\{(x_1-\bar{x})^2+(x_2-\bar{x})^2+\cdots(x_n-\bar{x})^2\right\}}$

（注）速さの計算を例にするとわかりやすいです。100㎞/時×2時＝200㎞
「時速100㎞で2時間⇨200㎞」　単位が変化しています！

人に話したくなる統計学②

グラフは作り方ひとつで印象が変化する

統計で調査した様々なデータをグラフのように図表化すると、視覚的にも一層わかりやすくなります。

グラフは小学校で習ったことのある**「棒グラフ」「折れ線グラフ」「円グラフ」「帯グラフ」のような基本的なものから、「ヒストグラム」「レーダーチャート」「散布図」「三角グラフ」や、株価の動きなどを表すのに便利な「ローソク足」などがあります。**

それぞれのグラフには特徴があり、その特徴を活かして統計データを視覚的に表現しています。数字を比較するだけではなかなか理解しづらいデータでも、グラフにすると、一瞬でそのデータの全体が伝わるのです。

しかし、グラフの表現方法によって印象がガラリと違ってくることがあり、気をつけなければなりません。

ここに「国及び地方の長期債務残高」の年次ごとの金額を調べたグラフがあります。グラフの詳しい解説は第4章の84ページに書いてありますので、ここでは

私たちが目にするグラフや表は、それぞれ目的があり作られています。データのとり方でグラフや表は変化します。

グラフの作り方で印象が変わる例として紹介します。

まず【図A】のグラフをごらんください。このグラフを見ると後半のほうは、あまり変化がないように感じられます。【図A】はひとつの目盛りは500兆円から1000兆円まで、ひと目盛りが100兆円となっています。それを1000兆円から1100兆円に、ひと目盛りを20兆円に変えて5年間を見てみると【図B】のようになります。今度は、より大きく変化しているように見えますね。

このように、**図表の作成方法を少し変えただけで、グラフから受ける印象が変わってしまうことがあるのです。**

統計データのグラフを読み解くときに、注意しなければならない点のひとつです。

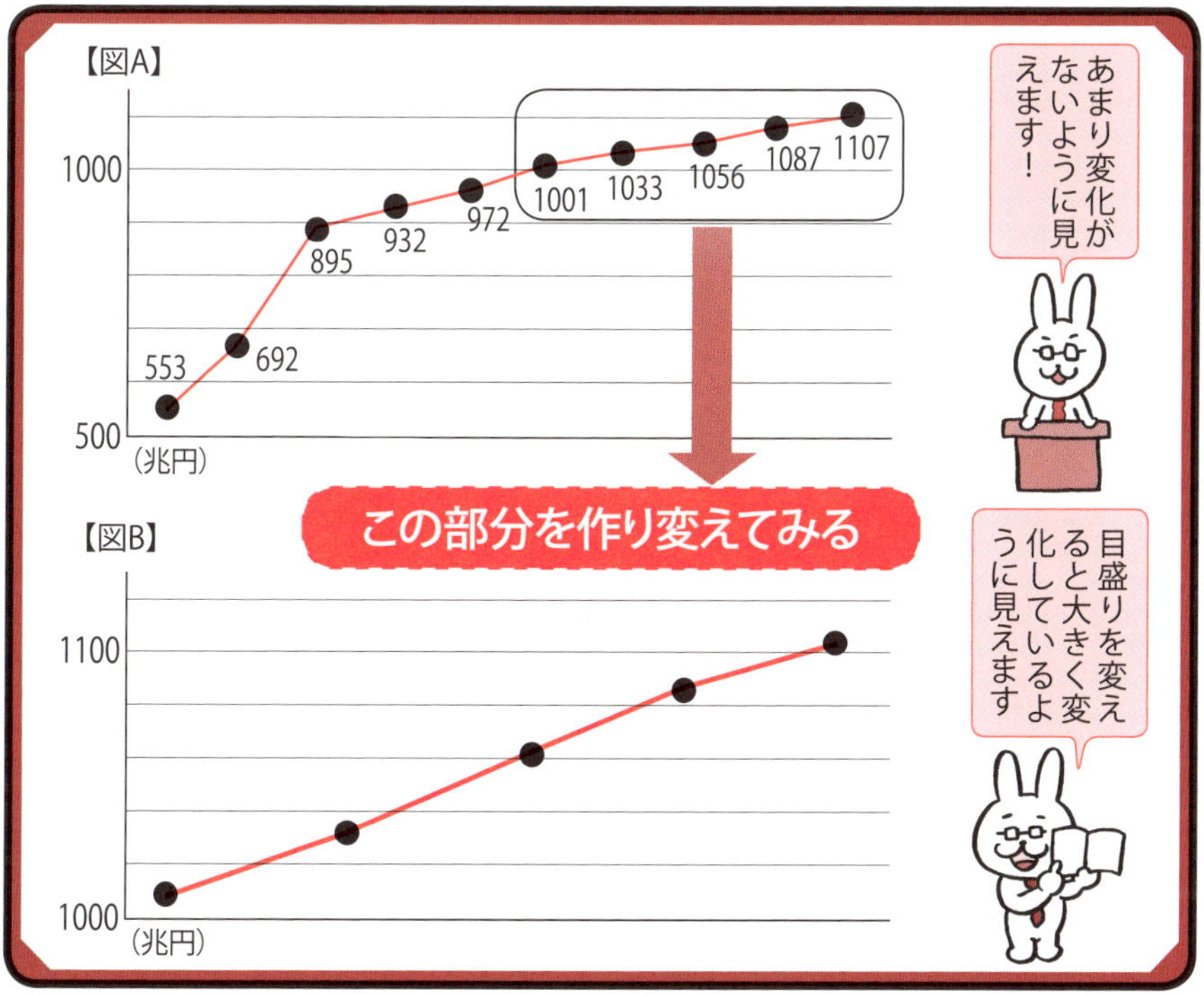

Column
②

統計全体を見えなくなる可能性がある外れ値

統計学に「外れ値（はずれち）」ということばがあります。統計において他の値から大きく外れた値のことです。測定ミスや記録ミスなどが原因で起きる異常値とは本質的には異なりますが、場合によっては区別できないケースもあります。〝他より著しく異なる値のため一般的結論を導けないデータ〟を指す意味もあります。

外れ値は標本数が少ないケースでは、特にデータ全体の姿をとらえるときに不都合が生じます。小学６年生10人にお小遣いはいくらもらっているかを調べてみたところ、9人が1000円、もう１人が２万円でした。すると10人の平均は2900円ということになってしまいます。たったひとりが２万円という、他の９人の20倍ものお小遣いをもらっているために、9人の平均値の約３倍になってしまうのです。このような極端な例も考えられます。

統計学では外れ値がどうして生じてしまっているのかを検証することも大切なのです。外れ値だからといって、除外してしまう発想は適切ではありません。外れ値によって、全体の印象が変化することがあることを知っておきましょう。

第2章

用途 こんなところに統計が使われている

生命保険会社の保険料は統計で決められている

私たちが加入している生命保険の保険料は、どのように決められているのかご存知ですか？　保険料を支払う消費者の側からすると、できるだけ少ない金額で大きな保障が得られるほうがよいはずです。しかし、生命保険会社にとっては少ない保険料で大きな保障をしていたのでは企業として成り立たないばかりか、存続の危機にさえ遭遇することになります。かといって保険料をいい加減に決めるわけにもいきません。

生命保険会社では、**一定期間における性別や年齢別の死亡状況を統計的にまとめた「生命表」を基にして保険料を算出しています。**特定の個人について事故に遭う確率や寿命を予測することはできませんが、ある程度の集団で考えることで、事故の起こる割合や死亡する人のおおよその予測を立てることができるようになります。この考え方に基づいた生命表から生命保険会社は保険料の算定を行っているのです。

生命表からわかることは、ある年齢の人が今後あと何年間生きられるのか、一年以内の死亡率はどのくらいかなどです。過去の統計から得られた死亡率を基に算定されている保険料は、死亡率が大きく上昇すると保険金の支払額が増えることが予想されるので保険料は高めに設定されることになり、死亡率が下がれば保険料も下がることになります。そのため保険料は死亡率の変化によって改定されることがあるのです。

生命表には「完全生命表」（国民全体を対象としているもの）と「簡易生命表」があります。国勢調査を基にした完全生命表は、5年ごとに作成され、簡易生命表は人口推計や人口動態統計を基に毎年作成されています。

生命保険会社の保険料の決め方

生命表（女） 2018年　　※厚生省のホームページより

年齢 x	生存数 l_x	死亡数 $_nd_x$	生存率 $_np_x$	死亡率 $_nq_x$	死力 μ_x	定常人口 $_nL_x$	定常人口 T_x	平均余命 $\mathring{e}_x$
50	98 034	145	0.99852	0.00148	0.00142	97 962	3 731 745	38.07
51	97 889	159	0.99838	0.00162	0.00155	97 811	3 633 783	37.12
52	97 730	174	0.99822	0.00178	0.00170	97 645	3 535 972	36.18
53	97 557	189	0.99807	0.00193	0.00186	97 463	3 438 327	35.24
54	97 368	202	0.99792	0.00208	0.00201	97 268	3 340 864	34.31
55	97 166	215	0.99779	0.00221	0.00215	97 060	3 243 596	33.38
56	96 951	226	0.99767	0.00233	0.00227	96 839	3 146 536	32.45
57	96 726	237	0.99755	0.00245	0.00239	96 608	3 049 697	31.53
58	96 489	250	0.99741	0.00259	0.00252	96 365	3 953 088	30.61
59	96 239	268	0.99721	0.00279	0.00269	96 106	3 856 723	29.68
60	95 970	291	0.99696	0.00304	0.00291	95 827	2 760 617	28.77
61	95 679	318	0.99667	0.00333	0.00318	95 522	2 664 790	27.85
62	95 361	346	0.99638	0.00362	0.00348	95 190	2 569 268	26.94

統計的にまとめた表から
死亡年齢の傾向を調べます

生命表のデータ

生命保険料

生命表

完全生命表
5年ごとに作成される

簡易生命表
毎年作成される

ひとくちメモ

ネット販売の保険のほうが、セールスレディなどの対面販売のものより人件費がおさえられています。これが同じような保障内容でも生命保険会社によって、保険料が異なる理由のひとつなのです。

統計の使われ方

新商品の開発に重要な役割をはたす統計学

新商品の開発はインスピレーションだ！　といった考え方は今や時代遅れといってよいでしょう。以前は商品開発は経験と勘で勝負するものという考え方もありました。しかしアイデアはよくても、**数字の裏付けのない新商品を開発から成功へと導くことは、今の時代には難しいものがあるといわれています。**

現代の若者はご飯よりパスタを好む、それなら大学が近くにあるからパスタメニュー専門の店を出店しよう。そう考えたとして、果たしてパスタメニュー専門店にして採算が合うのかどうかは、立地・客層・値付け・ネーミングなどを広範囲に調べる必要があります。若者の傾向をとらえることは必要ですが、勘に頼るだけでは危険です。さまざまなデータを利用して客観的な視点から取り組むことをしなければ単に流行に乗っただけになってしまいます。そこで重要なのが統計学なのです。統計学を商品開発に取り入れるということは、経験と勘のような主観的な発想から数字という客観的なものへと大きく考え方を変えることでもあるのです。

データには質的データと量的データがあります。質的データとは種類を区別したり分類を表すだけのものです。性別や学歴や天気など、直接数値で測定できないデータです。これに対して量的データは、数値で測ることのできるデータのことをいいます。長さ、重さ、体積、金額などです。

商品の種類は質的データで分析しますが、売上高については量的データを用います。このように統計上のデータは何をどのように分析するのか、必要に応じて使い分けます。統計は客観的なものなので、多くの人が納得できます。

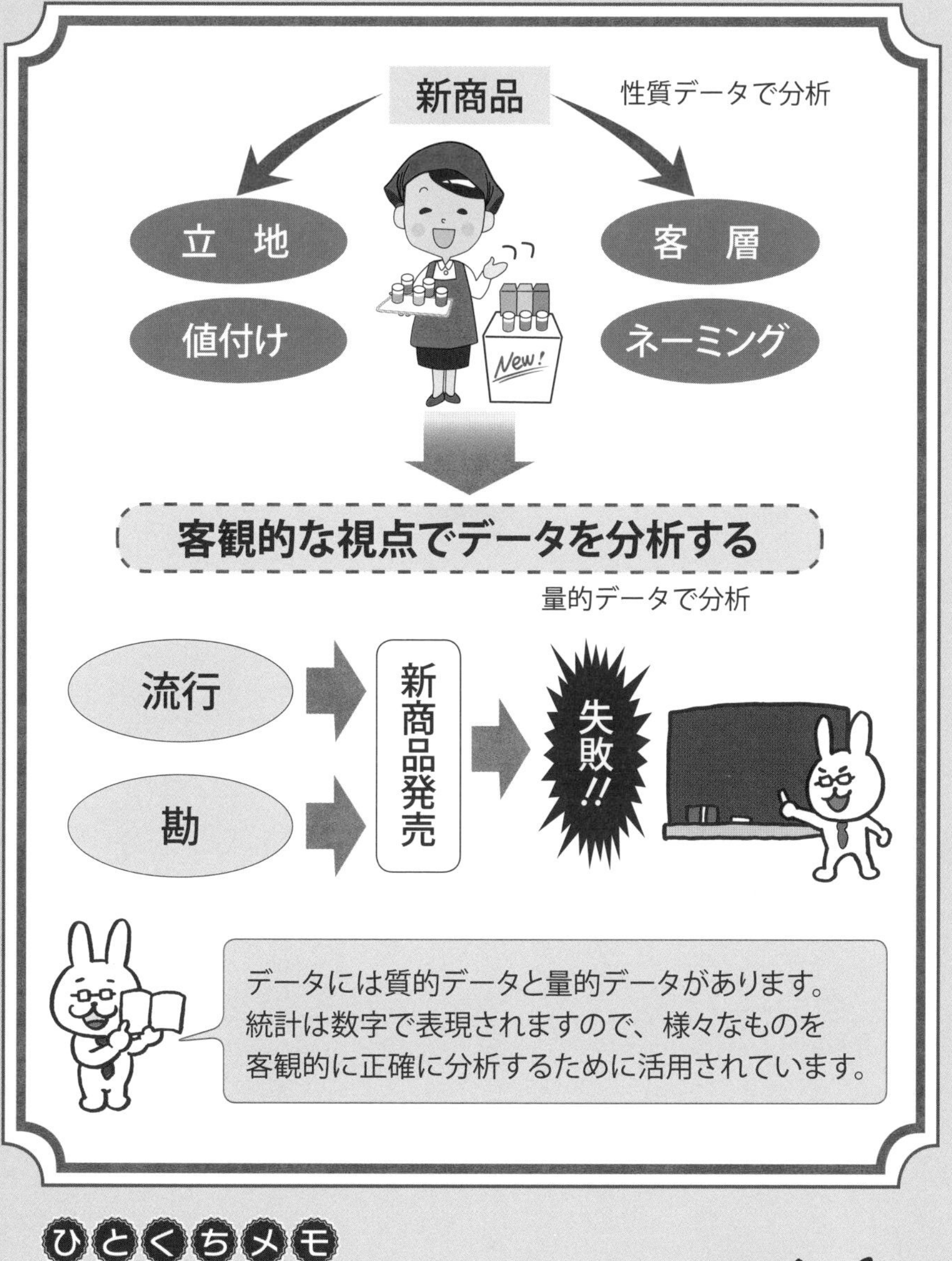

ひとくちメモ

統計学と関係が深いマーケティングとは、顧客が真に求める商品やサービスを作り、さらに顧客が、その価値を効果的に得られるようにするためにはどうすればいいかを考えることをいいます。

学力を測る手段として活用される偏差値とは？

偏差値は高校や大学の志望校を選ぶ際にはなくてはならないものになっています。

偏差値が表しているのは、受けたテストの点数ではなくテストを受けた人全体の中での順位＝位置を示しているので、単に点数で見るより客観的な値を知ることができます。

偏差値は得点から平均点を引いたものを標準偏差で割り、その値を10倍して50を足すことで得られます。つまり偏差値は標準偏差と平均点がわかれば、誰でも求めることができるのです。偏差値が50なら平均点と同じ、偏差値が50より高ければ高い得点を取ったことを示し、50より低ければ低い点数しか取れなかったことを表します。

偏差値の便利なところは、難易度の違うテストでも偏差値を比べることで、全体の中の自分の位置を把握できるところです。たとえば数学の模試を2回受けたところ、1回目は50点でしたが2回目は80点だったとします。点数だけで比べると30点も上がったことになりますが、難易度は考慮されてはいませんから比較ができません。そこで同じテストを受けた人の中での位置づけ、すなわち偏差値で比べることで、点数よりも客観的な比較が可能になるのです。

偏差値は、試験を受ける人の数が少ないときには役に立ちません。偏差値の効果が出るのはデータ数（試験を受ける人数）が多く、その得点分布が山型の左右対称のグラフ（正規分布グラフ）であるときに有効となります。得点分布が正規分布グラフであるときに限りますが、この条件を満たしている場合には偏差値80以上は上位0・13％以内を示し、偏差値70以上は上位2.2％以内であることを表すことがわかっています。

偏差値の出し方

$$偏差値=\frac{得点-平均点}{標準偏差}\times10+50$$

●標準偏差とは

データのばらつきの大きさを示すものとして、データの値と平均値との差（偏差）を2乗して平均する。これを変数と同じ単位で示すために平方根をとった標準偏差が最もよく用いられている。標準偏差は通常Σ（シグマ）で表示される（33ページ参照）。

$$S=\sqrt{\frac{1}{n}\sum_{i=1}^{n}(x_i-\bar{x})^2}$$

S⇨標準偏差　x_i⇨データ値
n⇨総数　$\bar{x}$⇨平均

●平均点が55点のテストで標準偏差が15点の場合

A君　70点 $\frac{70-55}{15}\times10+50=60$ **偏差値60**

B君　40点 $\frac{40-55}{15}\times10+50=40$ **偏差値40**

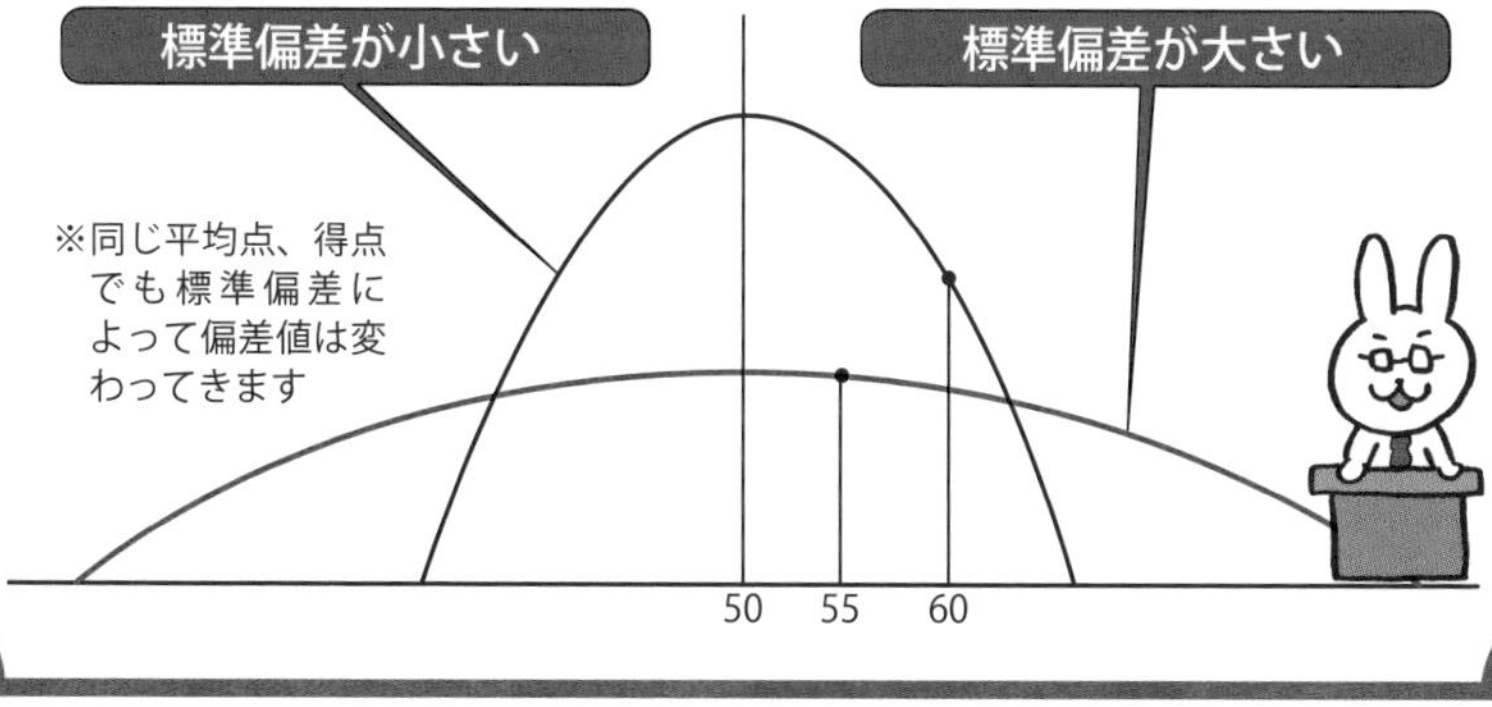
標準偏差が小さい
標準偏差が大きい
※同じ平均点、得点でも標準偏差によって偏差値は変わってきます
50
55
60

ひとくちメモ

受験のときに塾などの模試でよく利用される偏差値は相対的な数値です。また偏差値55の人が偏差値60の学校に合格したりすることもあります。偏差値はひとつの指標と考えましょう。

人気商品が必ずいつか衰退する理由

爆発的にブレイクした人気商品というものはいつの時代にもあるものです。しかし社会現象を巻き起こすほどの人気商品といえども、いつまでもその人気を持続することはできません。どんなに人気のある商品であっても、必ず衰退する理由が統計的に証明されているからです。

人口増加や生物の繁殖などの変化を追跡調査していくと、同じような曲線を描くことがわかります。その曲線のことを「ロジスティック曲線」といいます。ロジスティック曲線は成長曲線のひとつで、最初は時間をかけてゆっくり上昇しますが、ある時期から加速度的に成長を早めます。

成長期を過ぎるとやがて上昇は止まり、曲線は横ばいになり安定期に入ります。

その変化を表した曲線がロジスティック曲線なので、耐久消費財の普及過程などの記述に利用されます。

この曲線は人気のファッションやゲームなどの商品の売れ行きにも当てはまり、同様の変化をたどることがわかっています。

成長期から安定期に入ったそのあとの曲線は、安定期で横ばいを続けたあとは下降曲線を描くことが多くなります。人気商品はみんなが買い求めますから、売り上げが伸びますが、あるところで止まることがよくあります。

横ばいを続ける安定期に入ると、次は下降することがあるので、横ばいの時期をできるだけ長く保つことが重要になります。横ばいの時期は商品がどれだけ広く普及するかを表すことになります。そして商品が消費者にいきわたってしまうと、どのような人気商品でもほとんどの場合下降曲線をたどる運命にあるのです。

人気商品はいつか衰退する

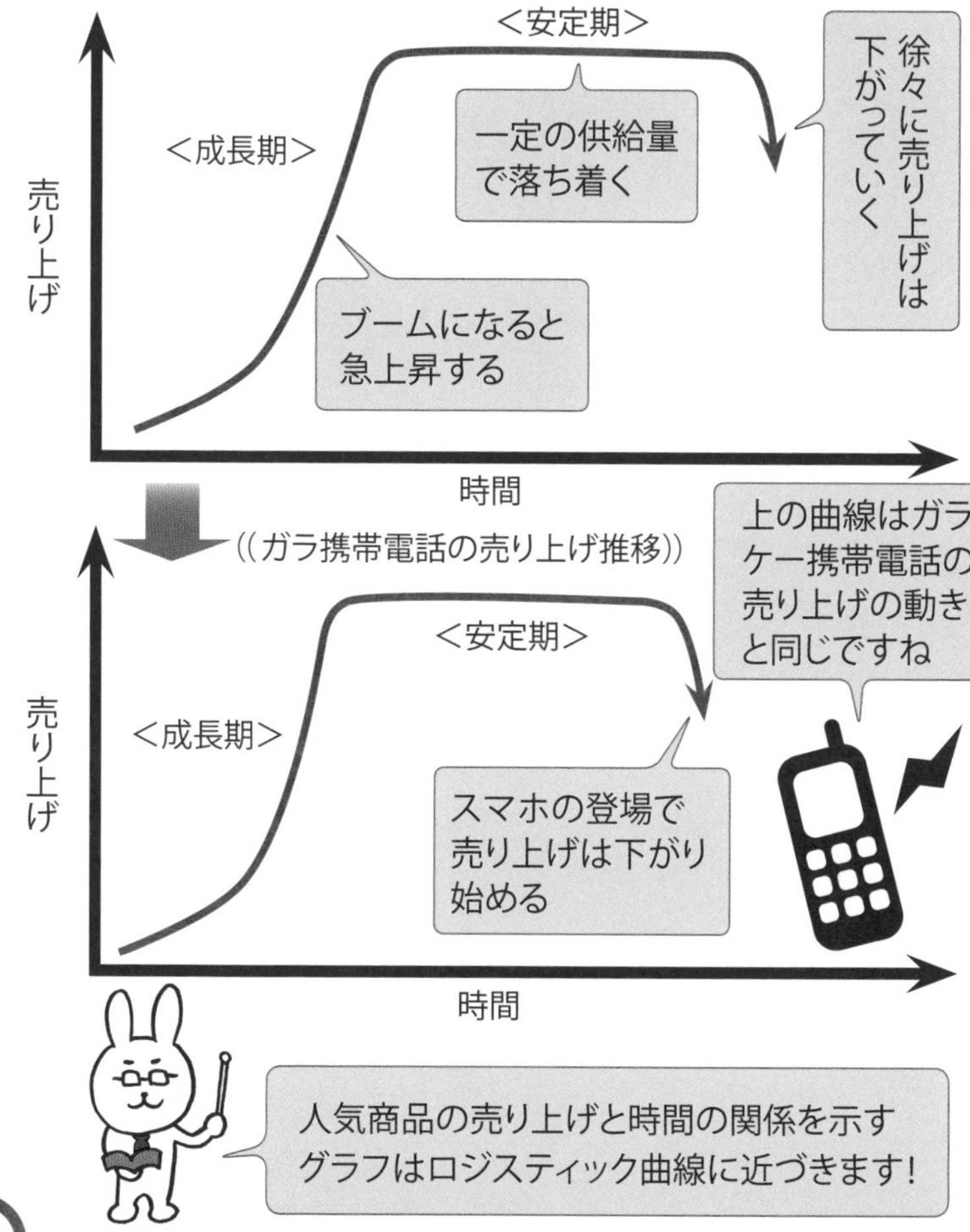

ひとくちメモ

爆発的に売れた商品も永久的に売れ続けているものはありません。すごい勢いで伸びた携帯電話やスマホの普及もそのひとつでしょう。ある程度いきわたると、その商品の魅力は薄れてきます。

ビッグデータはどのように活用されているのか

ビッグデータといえばデータの量が多いことをイメージしますが、実はそれだけではなく様々な種類や形態を含む膨大なデータの集合体のことをいいます。今までは見過ごされてきたデータ類を管理することで、社会やビジネスに有用な事柄を取り出し、分析を加え新しいシステムのひとつとして利用する方法が注目されているのです。

ビッグデータを統計的に活用することで、経済発展や商品開発に役立てる取り組みも考えられています。ビッグデータの普及は近年急速に発達したコンピュータやインターネットの影響によるところが大きいことはもちろんですが、メールや画像などのデータを超高速処理する技術が可能になった点を見過ごすことはできません。

ビッグデータの具体例を挙げると・オフィスデータ・ソーシャルメディアデータ・ウェブサイトデータ、気象情報・防犯カメラなどがあります。コンピュータの使用状況、乗車履歴・通行記録・会員カードなど多岐にわたるありとあらゆるデータがあります。

これらのデータの中から必要なものを組み合わせることで、それぞれの目的に合った情報を入手し、商品開発や消費者が希望しているサービスを提供することに利用しています。

風邪がはやり始めたことをSNSで知ったとします。気象情報に着目して、気温や湿度を組み合わせることでのちの動向を検証し、今後の風邪の流行を予測することが可能になります。それによって対策を講じることもできます。

経営の現場では消費者の需要と商品の在庫管理などにすでに活用され、精度の高い生産計画の実行に役立てています。

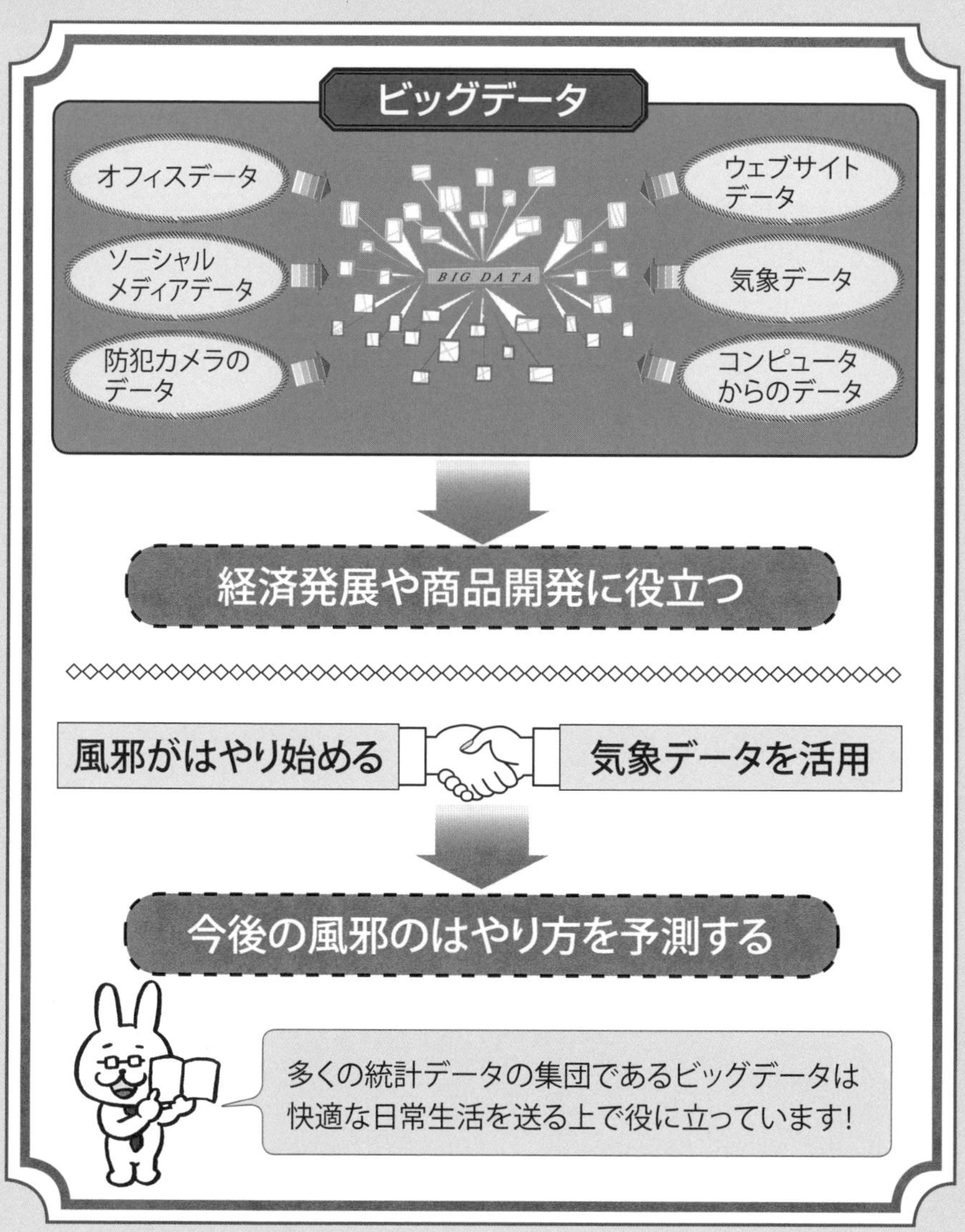

ひとくちメモ

ビッグデータは、あまりにもデータの量が多くなりすぎてしまいその結果、通常のコンピュータでは、その分析能力の容量を超えるケースがあります。活用するデータの選択も重要なのです。

統計学から創られたAI（人工知能）

かつては夢のような自動運転の車も、今や現実のものとなりつつあります。障害物の前で停止するのはもちろんのこと、信号機の読み取りから車線変更に至るまでを判断して目的地へ到達します。

このように人間と同様に賢い判断のできる自動運転の技術はAI（人工知能）によるものです。

AIとは人間の脳が行っている知的な作業をコンピュータによって模倣《もほう》したシステムのことをいいます。AIがロボットと違うところは、ロボットが入力されたプログラムを実行しているだけなのに対して、AIは自らが考える能力を備えているという点です。ロボットはプログラム以外のことには対応できませんが、AIは一度創られるとそのあとは次から次へと情報を取り入れることで発展していくことができるのです。そこからAIが人間の思考力を超えるのではないか…といった問題もささやかれています。

人工知能が生まれた背景には、大量のデータ収集から真実の姿を探ろうとする統計学の存在があります。AIはビッグデータをベースに学習を重ね、判断能力を養っているといえます。

最近話題になっている囲碁や将棋の、人間対AIの対戦があります。最初は基本のプログラムを人間から教えてもらうことで対局を理解するのですが、やがて過去の膨大な量の対戦記録を学び経験を積んでゆくことで、人間より強くなっていきます。ビッグデータを駆使できるAIは、人間の能力とは比較にならないスピードで対戦の技術を身につけることができるからです。

このように考えると**AIは人間が基本を教えることから始まり、ビッグデータを活用して学習していくので、統計学から創られたといえます。**

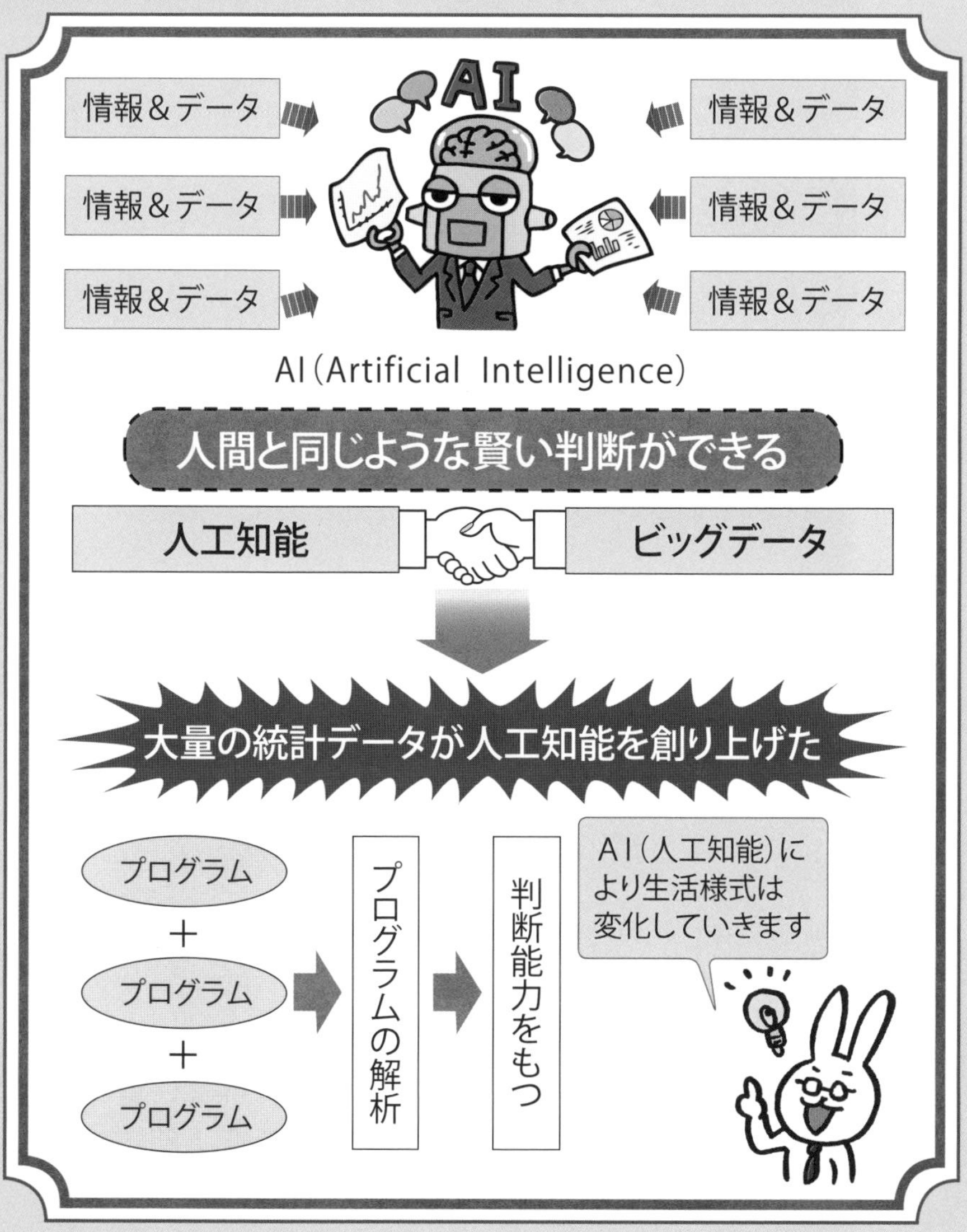

ひとくちメモ

人工知能、AIの発展により、将来「消える職業」や「なくなる仕事」が予測されます。単純作業など、機械が得意とする分野に大きく関係している職業や仕事はなくなる可能性が高いです。

家計調査のしくみと数字からわかること

家計調査とは国民生活や暮らしぶりを把握するために行われる、総務省統計局が実施している統計調査のことです。家計調査は国が都道府県を通じて行い、国民の家計収支や個人消費の動向を把握し、国の経済や社会政策立案のための基礎資料として使われます。

調査は知事に任命された統計調査員が調査世帯に家計簿を配布して行われます。無作為に選ばれた調査世帯は毎日の収支についてこの家計簿に記入します。また過去1年間の年間収入は年間収入調査票に、貯蓄・借入金については貯蓄等調査票に記入します。

半月ごとに調査員は調査世帯を訪れ家計簿を回収し、都道府県に送付します。各都道府県から集められた家計簿は、総務省統計局に集まります。総務省統計局では家計簿の内容検査が行われます。集計された調査結果（＝データ）によって出来上がった統計表は、その後官庁・都道府県庁に配布され報道されることになります。

このようにして行われる家計調査ですが、この報告から次のようなことがわかります。

世帯の収入そして品目別の支出金額から、全国平均と各都道府県の比較ができます。年齢階層別の世帯の家計収支もわかります。細かなところでは各県ごとの品目別支出金額のランキングなどもわかります。そのほかには行政上の施策にも利用されています。食料の需給と価格の分布などを調べ、消費者物価指数を求めるときなどに利用されています。

家計調査は国民生活の動向を把握する基本となる統計として位置づけられ、国の政策にも大きな影響を与えるものと考えられています。

家計調査  **全国の世帯で調査**

調査世帯の選定 → **層化3段抽出法**
- 第1段・市町村
- 第2段・単位区
- 第3段・世帯

●世帯数の割り当て　※総務省統計局のホームページより

地　域	調査市町村数	二人以上の調査世帯数	単身調査世帯数
全　国	168	8,076	673
都道府県庁所在市及び大都市	52	5,472	456
人口5万以上の市（上記の市を除く）	74	2,100	175
人口5万未満の市及び町村	42	504	42

（世帯）

家計調査からわかること
- 世帯の収入
- 世帯の会計収支
- 品目別支出金額

…など

家計調査は国民生活の姿をとらえ、国政に影響を与える重要な統計データのひとつなのです

ひとくちメモ

日本国内の家計の支出を通じて個人消費をとらえるのが家計調査ですが、2002年からは貯蓄や負債についても調査されるようになり、調査結果は家計収支編と貯蓄・負債編に分けて発表されています。

統計不正問題は何に影響を与えるのか？

厚生労働省では毎月勤労者統計調査を公表しています。これは、労働者一人当たりの現金給与総額（名目賃金）や、物価変動の影響を差し引いた実質賃金を表すもので、国の経済状況を示す重要な統計調査のひとつとされています。この調査結果は国内総生産（ＧＤＰ）の算出や雇用保険の支給額を決める基準としても利用されるものです。

このように大切な統計調査が、厚生労働省によって15年間もの長い期間にわたり、不適切な方法で調査が行われていたことが発覚したのが、「統計不正問題」といわれるものです。

この調査は本来、東京都内にある従業員５００人以上の企業について、そのすべてが調査対象（全数調査）であるはずなのですが、３分の１しか調査がなされていなかったのです。大企業が多く存在する東京の賃金は高めのはずですが、３分の１しか調査されておらず、適切な統計処理もなされていませんでした。そのため賃金は低くなり、その結果**雇用保険の失業給付の支給額が低く抑えられていたことになり、この影響は１９００万人にも及ぶといわれています。**毎月勤労者統計は賃金だけではなく労働時間についても調査されていて、残業なども含めた労働環境の変化を把握する上でも重要な統計です。

２００４年から続けられてきた不正が明るみに出たことで、厚労省（及び現政権）はデータの訂正を迫られましたが、さかのぼってすべての補正を行うことはせず、18年以降のデータだけを訂正しようとしました。その結果、18年からは突然賃金が上がったように見えたのです。このような問題は、先進国としてあってはいけない行為といえます。

勤労者統計調査

↓

労働者一人当たりの実質賃金を表す

統計不正問題は何がいけなかったのか

○ 正しい調査方法	× 間違った調査方法
東京都内にある従業員500人以上の企業	東京都内にある従業員500人以上の企業
↓	↓
すべてを調査する	3分の1しか調査しない

東京都の賃金は他県に比べて高い傾向にあります。3分の1しか調査しないことは勤労者全体の賃金が低くなってしまうことになります!

実質賃金が低くなる → **失業給付金が低くなる**

2004（平成16）年から不正統計が続いてきました

ひとくちメモ

統計が信用できない国家は、国際社会においても信用に値しない国家に成り下がってしまうことになってしまいます。不正統計問題は、日本の信頼度を脅かす重大な問題なのです。

当選確率が低いと当選金は膨大に膨れ上がる

「統計学」の中に「確率論」があるように統計と確率は密接な関係にあります(第5章参照)。ここで宝くじの当選確率について考えてみましょう。日本で発売されている、宝くじやロト7、totoなどは高額賞金を手にできる代表的なものです。最高金額10億円のものもあります。

10億円でも気が遠くなる数字ですが、世界に目を向けると、とんでもない金額のくじが発売されています。その中で、スーパーエナロットというくじがあります。イタリアで発売されている、数字選択宝くじです。1997(平成9)年に発売が開始されました。くじの内容は日本のロト6と似ています。ロト6は1～43の中の数字から6つを選び出しますが、スーパーエナロットは1から90までの数字の中から6つ選ぶ方式です。抽選された本数字がすべて一致すれば1等当選となるのです。**その当選確率は、6億2261万4630分の1という確率なのです。ロト6の1等当選確率が、609万6454分の1ですから、いかに当選確率が低いかがわかります。**

当選確率に反比例して当選金が大きくなるのは当然ですが、世界には100億を超える賞金があるとは驚きです！

2009年8月22日の抽選分で、バニョーネ在住のイタリア人が1億4780万7299ユーロを獲得したという記録があります。当時の為替レートが1ユーロ134円程度でしたから、日本円に直すと約200億円にもなります。

しかし上には上があるもので、**アメリカの数字選択宝くじ「パワーボール」では、日本円にして約1700億円もの当選金が飛び出したのですから驚きです。**日本と違い、アメリカでは当選金に税金がかかります。また受け取り方法も2通りあり、即金の場合は税金と合わせ、半分程度引かれます。それでも約850億円が残るというのですからアメリカ恐るべしです。ちなみにジャックポット（大当たり）の確率は3億2557万5350分の1です。**人間の生涯で雷にあたってしまう確率が1000万分の1といわれています。**

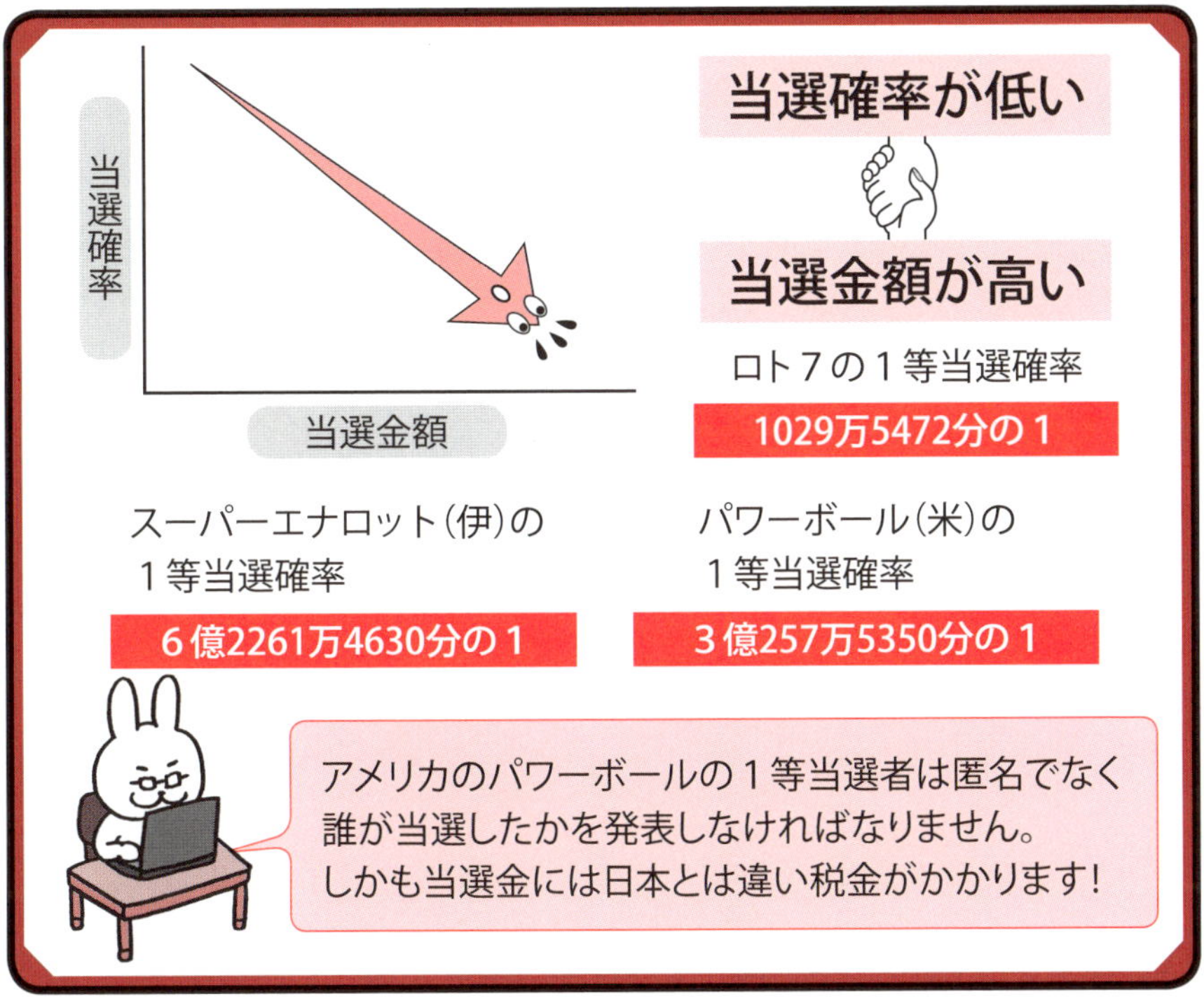
当選確率
当選金額
当選確率が低い
当選金額が高い
ロト7の1等当選確率
1029万5472分の1
スーパーエナロット(伊)の
1等当選確率
6億2261万4630分の1
パワーボール(米)の
1等当選確率
3億257万5350分の1
アメリカのパワーボールの1等当選者は匿名でなく
誰が当選したかを発表しなければなりません。
しかも当選金には日本とは違い税金がかかります!

Column ③

宝くじで「夢を買う」のは期待値から⁉

54ページのように日本では、約10億円が当選する可能性があるくじが発売されていますが、海外に目を向けると軽く100億円を超えるビッグな当選金が支払われたくじも存在しています。人間は、高額当選金の話題を耳にすると、次は自分も当選するかもしれないという心理がはたらき、無意識のうちにくじを購入してしまいます。年末ジャンボ宝くじで数億円の当選金を夢みて購入するのも理解できます。1等当選が常に飛び出している売り場に、東京都銀座駅前にある宝くじチャンスセンターがあります。発売枚数が多いのですから1等のくじが出るのも当然だよ、という声を聞きますが、やはり1等の当選金が飛び出す売り場で購入すると夢がふくらみます。

2018年の年末ジャンボ宝くじの1等賞金は7億円でした。その確率は2000万分の1です。確率が低いことがわかっていても、買わなければ絶対に当たりません。宝くじの期待値を計算して約45%だということがわかっていても、「夢を買う」ことを考えたら高くないかもしれません。

第3章

人物 統計学者から学ぶ統計学

国勢調査のルーツ

アウグストゥス

紀元前63～紀元後14年

古代ローマ帝国初代皇帝のアウグストゥス（オクタヴィアヌス）の時代、すでに現在の国勢調査に当たる国の人口についての調査が行われていました。**アウグストゥスの当初の目的は、ローマ市民権をもつ17歳以上の成年男性の数、つまり兵役該当者の数を正確に把握する調査をすることにありました。**しかしアウグストゥスは成年男子に限らず、女性、子ども、奴隷までも調査の対象とし広く国民すべての現状を調査したのです。それによって国の人口を正確に知ることになり、新しい政策に取り組み、すべての国民からの公平な徴税のシステムを作り上げたのです。さらにアウグストゥスが考えたのは、兵役に従事した兵に対して報酬を与えることでした。当時兵役に該当する成人男性の数は400万人以上ともいわれ、退役軍人に支払う退職金の財源を確保する必要があったのです。国の人口を正確に把握することで徴税のシステムを作り、兵役を勤め終えた男性に対しての退職金制度を確立したのです。

当時チェンススと呼ばれたこの調査は、現在の国勢調査を意味するセンサスの語源といわれています。

「ルカによる福音書」によると、イエス・キリストが誕生したときにも国勢調査が行われていたという記述があるといいます。

確率論からギャンブルを研究

ジェロラモ・カルダノ

1501年9月24日〜1576年9月21日

ミラノ生まれのジェロラモ・カルダノは三次方程式における虚数の概念を用いるなど、代数学の業績で知られる数学者として有名です。レオナルド・ダ・ヴィンチの友人であった彼の父親は、数学に秀でた弁護士でした。カルダノはこの父親の私生児として生まれました。カルダノは大学では医学を学びましたが、人と付き合うことの下手な変人と呼ばれていました。

大学を卒業してからもその性格からか、なかなか仕事に就くことができませんでした。それでも何とか医者になると腸チフスやアレルギーの発見、ヒ素中毒の研究などで一躍有名になりました。しかしその一方で**友人のいない金使いの荒いギャンブラーでもあったカルダノは、ギャンブルで勝ちたいがために優秀な頭脳を働かせ、確率論を使って賭博に挑んだのです。**当時はまだ博打《ばくち》の勝ち負けは勘と経験によるもの、と考えるのが一般的だったので、確率で計算する方法などはありませんでした。しかし確率論から割り出したカルダノの賭博の勝率は高かったようです。のちに生まれた**推測統計学は、カルダノが賭博に勝つための確率論がベースとなっていたということです。**

確率論を確立するほど賭博好きだったカルダノですが「ギャンブラーにとって最大の利益はギャンブルをしないことだ」という言葉を残しています。

人口調査と政治算術

ジョン・グラント

1620年～1674年

17世紀のイギリスでは、教区記録を集計することで人口の把握を行っていました。教区記録そのものは単なるデータの山でしかありませんが、このデータに目を付け整理・分析を試みたのがイギリス商人のジョン・グラントでした。

グラントはこのデータを利用して、**人口の変化や地域による死亡理由の割合などを調べたところ、地域によって人口の推移にある傾向が存在することを発見しました。**たとえば、誕生したものの約3割は6歳以下で亡くなってしまう、寿命で死ぬ人は人口の約1%しかいない、男性の人口に占める割合は田舎よりも都会のほうが多い、などといったことが多数記録として残されていました。グラントはデータを集計・分析していく中で社会現象には規則性があることに着目しました。そしてそれを基にして、イギリスの将来の人口予測を立てたのです。それまでの統計といわれるものは、データを数え上げて総数を算出するだけのものでしたから、グラントの報告は当時としてはきわめて画期的なものだったのです。**グラントはこの手法を「政治算術」と名づけました。**

統計学という言葉は18世紀にはじめて登場しました。政治家で経済学者でもあったイギリスのジョン・シンクレアが使いはじめてからといわれています。

経済学・統計学の始祖
ウイリアム・ペティ
1623年5月27日～1687年12月16日

16世紀のヨーロッパでは、各国が勢力を競い合うようになり、国家が拡大していくためには人口や貿易が重要であると考えるようになりました。17世紀には人口や産業を数字で把握することへの関心が高まり、ドイツでは「国勢学」として調査・研究が進みました。イギリスでは国家の実態や社会構造を数値化することで国力を把握し、将来への予測を統計学的に考える機運が高まっていました。そうした考え方は**「政治算術」と称されジョン・グラントにより提唱され、友人であるウイリアム・ペティによって広められたといわれています。**のちにペティは『政治算術』という著書を執筆します。ペティの著した『政治算術』の内容は、国の統治に関する諸事項について数字を用いて推測する術《すべ》ということで、国際政治経済の専門書のような存在でした。**「政治算術」の先駆者であったため、ウイリアム・ペティは統計学の始祖といわれています。**

実は、ウィリアム・ペティは経済界でも有名人です。イギリス古典経済学の始祖ともいわれており、経済学史のテキストには、アダム・スミスやリカルドなどと同様に最初の章に出ています。

ウイリアム・ペティはもとは船員でしたがのちに医者となります。また近代政治学者のトーマス・ホッブスの弟子になるなど多彩な学者なのでした。

統計学者から学ぶ

日本の統計の源流

徳川吉宗

1684年11月27日～1751年7月12日

日本における統計調査についてみていくと、すでに大化の改新の頃には班田収授法によって戸籍調査が行われていたという記録があります。**全国的な戸籍調査を行ったのは豊臣秀吉の人《ひと》掃令《ばらいれい》による人口把握です（1592年）。**その後、江戸三大改革のひとつ享保の改革などで知られる８代将軍徳川吉宗は、キリシタンを取り締まる目的で全国的な規模の人口調査を行いました。おおよそ５年ごとに調査は行われていましたが、武士を対象から外したり調査の方法が違っていたりと、正確さには問題があるものでした。明治時代になると西洋の統計学が日本に紹介されるようになります。福沢諭吉や大隈重信らは社会の状況が一目でわかる統計の必要性に早くから着目し、統計院の設置に尽力しました。明治維新で西洋の学術書の翻訳・編纂にかかわった箕作麟祥《みつくりりんしょう》は統計学の重要性を説いたのでした。同じ頃、**日本での人口統計調査の必要性を訴えたのが杉亨二《すぎこうじ》です。杉は近代統計学の祖といわれました。**明治に入ると国勢調査に関する法律が制定されましたが、最初の国勢調査が行われたのは1920年（大正９）になってからでした。

明治時代になると国勢調査に関する法律が制定されましたが、第一回目が大正９年実施なのは、日露戦争や第一次世界大戦の影響によるものです。

現代社会に活用されているベイズ統計学

トーマス・ベイズ

1702年〜1761年4月17日

イギリスの牧師で数学者だったトーマス・ベイズは1700年代に活躍し、そのときベイズ統計学の基礎を作り上げていました。しかしベイズの考案したベイズ理論は、彼の生存中には日の目を見ることはありませんでした。ベイズの死後、友人のリチャード・プライスが書類の中からベイズ理論を見つけて発表しましたが、その頃は誰も相手にしませんでした。それから100年以上たってから、**数学者のフランク・ラムゼイによって発表されるとベイズ理論はようやく脚光を浴びることになり、ベイズ統計学として認知されたのです。**ベイズ理論は、現在私たちが日常的に使用しているメールに利用されています。必要なメールと不要なメールとに振り分けてくれるフィルタリング機能です。この振り分け機能のことをベイジアンフィルタといいますが、これはベイズ理論を用いた機能なのです。

ベイズ理論とは何か事が起こる前に、過去に起こった事の確率を元にしてこれからの予想をするという考え方です。**ベイズの理論は、確率をベースにした人口知能にも使われている、今やなくてはならない重要な理論のひとつといえるのです。**

長く日の目を見ることのなかったベイズの理論が注目されるようになった理由のひとつは、第二次大戦中にナチスの暗号解読に貢献したことです。

コレラの感染源と統計

ジョン・スノウ

1813年3月15日〜1858年6月9日

19世紀初頭からイギリスはコレラの大流行に見舞われました。その頃イギリス北部に生まれたジョン・スノウはまだ24歳で医者になる前でしたが、コレラ患者の看護に奔走していました。その後ロンドンを中心に再度大流行をしたコレラに、スノウは今度は医者として向き合うことになりました。**コレラ菌の存在が知られていないこの時代に、スノウはコレラが発生した周辺情報の聞き取りを徹底して行うことから始め、大流行を阻止しようと様々な努力をしたのです。**その調査・分析の結果、スノウはコレラ菌が飲料水にあるという仮説を立てました。住民が汲む井戸水に的を絞ると患者の発生状況と井戸水との関係から、コレラの感染源を突き止めることに成功したのです。反対する者もいるなか感染源と疑われた井戸水の使用を止めると、発病者数と死者数は激減しました。

スノウはたくさんの調査データを集め、分析をして統計を取る手法で、彼の推測が正しかったことを証明したのです。ドイツでコレラ菌がコッホによって発見されるのはそれから先、約30年後の1883年のことです。

コレラのような集団的疫病の流行について研究する学問のことを疫学といいます。スノウはコレラの功績から疫学の父と呼ばれるようになりました。

統計学の発展に寄与
フローレンス・ナイチンゲール

1820年5月12日〜1910年8月13日

フローレンス・ナイチンゲールといえば白衣の天使、「近代看護教育の生みの親」と称され有名ですが、実は統計と深い関係があることはあまり知られていません。**ナイチンゲールは幼い頃から高等教育を受け、自身も数学や統計に関心をもっていたといいます。**

クリミア戦争の際に看護師団の一員として野戦病院に従軍したナイチンゲールは、傷病兵の看護活動に尽力しました。そこで病院に運ばれてくる傷病兵たちが、戦闘で受けた傷ではなく、その後の治療法や衛生上の問題で死に至ってしまうことに気づいたナイチンゲールは、衛生状態を改善し、傷病兵の死亡率を大幅に減らすことに貢献しました。**統計に詳しい知識をもっていたナイチンゲールは、軍の傷病兵が衛生状態の問題で亡くなっている現状をデータとして集め分析し、国会議員らにプレゼンテーションをしたのでした。**こうした活躍が認められたナイチンゲールは、女性としてはじめて王立統計協会の会員に選ばれるなど、統計の先駆者としてイギリスでは人々の間に今なおその名をとどめているのです。

クリミア戦争ののちにもナイチンゲールは病院の衛生管理に関心をもち続け、統計資料を作成して世界中の医療制度の改善に貢献し続けました。

ヒストグラムの考案者

カール・ピアソン

1857年3月27日～1936年4月27日

データを集め集計しその傾向や特徴をわかりやすく表やグラフにする統計のことを、記述統計学といいます。20世紀になると統計学の需要が高まり、推測統計学という新たな統計に対する考え方が生まれました。推測統計学はランダム化の考え方に基づくフィッシャーが有名ですが、記述統計学の考え方を確立したのは、イギリスのカール・ピアソンです。カール・ピアソンはヒストグラムというグラフで、数量データを表す方法を考案しました。棒グラフは大小の量を比較するのに便利ですが、棒の隙間のない状態はヒストグラムは量的データの分布の広がりを比較するのに適しています。また分布の広がりの大きさの単位を表す指標を標準偏差といいます。**ヒストグラムや標準偏差の考案は統計学を発展させることに大きく貢献しました。**

またピアソンは遺伝と生物の進化を統計的に分析することにも取り組み、その際、標準偏差を用いた相関係数や調査をする標本が、対象となる母集団の実態が偏っていないかを確認するカイ2乗分布などの方法も開発しました。いずれも統計学に大きな影響を与えました。

記述統計学を完成させたピアソンと推測統計学を確立したフィッシャーはともに遺伝学を学びましたが、異なる考え方から激しい対立を続けました。

ランダム化と推測統計学

ロナルド・フィッシャー

1890年2月17日〜1962年7月29日

現代統計学の父と呼ばれたロナルド・フィッシャーは、幼少の頃から数学的才能に目覚めるとともに、生物学への関心も高く大学では優生学研究会を立ち上げました。大学を卒業すると第一次世界大戦が始まったため、教職に就《つ》きながら統計学と遺伝学の研究を進めていました。統計学では19世紀から20世紀にかけて、**統計学の目的が集団の規則性にあるととらえられていたことから、規則性の発見には大量の標本を観察するしか方法はないと考えられていました。**言い換えると少数の標本しか得られないものについては母集団の規則性を求めることはできないということになります。

フィッシャーがそのような事例に対応する方法として考えたのが推測統計学でした。**推測統計学とは無作為に抽出された標本集団（部分集団）から、母集団の性質や特徴を推測する統計学の考え方をいいます。**母集団からランダムに抽出した標本を増やし、同じことを無限に繰り返していくことで、全体の一部でしかなかった標本が母集団を推測できるようになるという考え方です。この考え方をランダム化といいます(90ページ参照)。

ポイント！

統計学だけではなく遺伝学についての研究も続けていたフィッシャーは、妻との間にできた8人の子どもに関し遺伝学的な考察を行ったといいます。

ポアンカレが統計学でパン屋の不正を暴いた話

フランスにポアンカレという統計学者がいました。彼にまつわる面白い逸話が存在しています。

彼は毎日同じパン屋で、1個1000gのパンを購入していました。ポアンカレは買ったパンの重さをいつも測り続けたのです。人間の手で作るパンですから、多少の誤差はあって当然です。1010gや990gといった重さがあって当たり前です。10g程度は誤差として認められる許容範囲でしょう。ポアンカレは約1年間にわたってパンの重さを測り続けました。パンの重さを表すグラフは正規分布にならなくてはなりません。

1個1000gのパンなので、平均は1000gに近づきます。しかしポアンカレが実際に計測したデータに基づいて出来上がったグラフは、950gが平均になっていたのです（㋐の図）。

パン屋の主人は950gのパンを基本として作り、それを1000gのパンと偽《いつわ》って販売していたのです。そのことをパン屋の主人に伝え、不正を正すよう

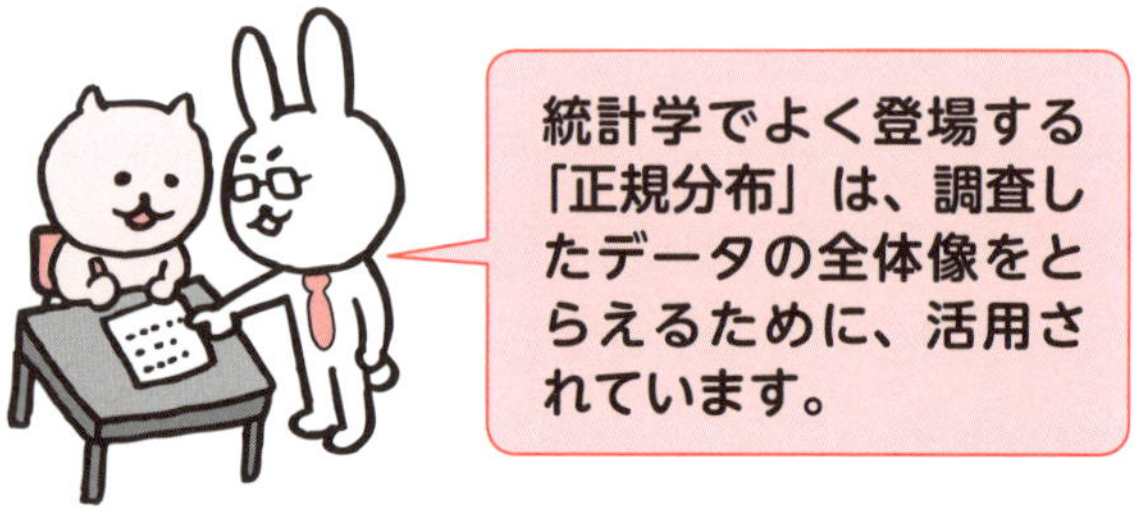
統計学でよく登場する「正規分布」は、調査したデータの全体像をとらえるために、活用されています。

に促《うなが》しました。

ポアンカレはパンの重さをその後も測り続けました。すると、今度は(イ)のように正規分布が少しずれ、平均は950gよりわずかに多い960gでした（点線の図）。

これはポアンカレのために1000gのパンを少しつくって売っていたことを示すグラフであることを見抜きました。950g以下のパンが減って1000gのパンを少し増やしただけのグラフです。相変わらず1000gより少ないパンを売っていたことになります。

多くのデータが集まり、そのバラツキをグラフに表すと、平均値付近に集積するような分布図ができあがります。それは統計学でいう正規分布なのです。

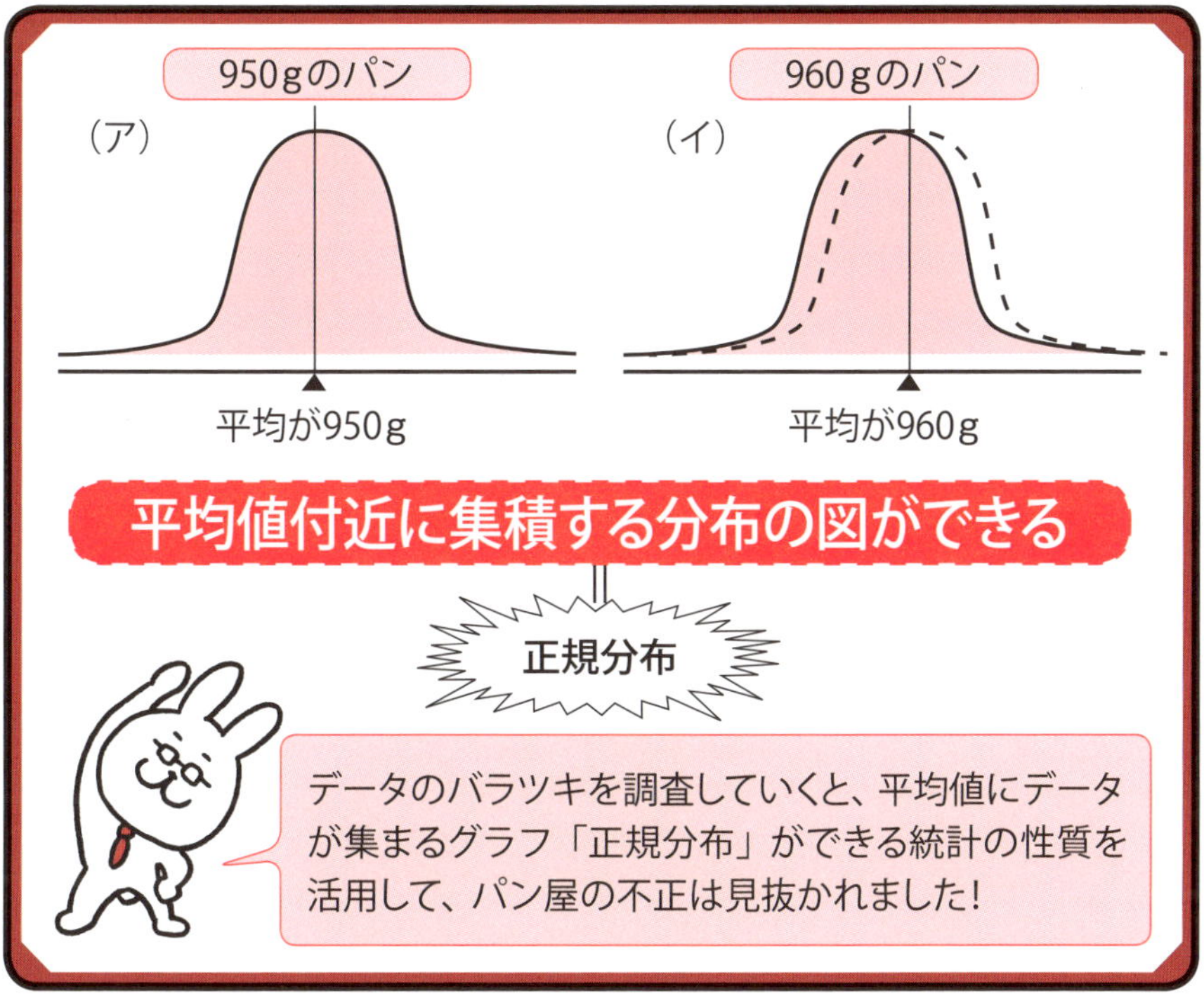
950gのパン
(ア)
平均が950g
960gのパン
(イ)
平均が960g
平均値付近に集積する分布の図ができる
正規分布
データのバラツキを調査していくと、平均値にデータが集まるグラフ「正規分布」ができる統計の性質を活用して、パン屋の不正は見抜かれました!

Column
④

格差社会って何が問題なの？

最近よく「格差社会」という言葉を耳にします。世界の人口は70億人を超え、そのうちの約10%が困窮者であるといわれています。世界銀行は2015年に、国際貧困ラインを1日1.9ドルでの生活と設定しました。これにあてはまる人が約7億3600万人いることがわかっています。この数値をもとにして計算すると世界の貧困率が約10%であることがわかります。1日1.9ドルで生活するというのは、どのような状況なのでしょうか。ちなみに日本、アメリカ、イギリス、フランス、ドイツの「1人当たりの国民総所得（GNI）」はそれぞれ、3万9881ドル、5万8876ドル、3万9333ドル、3万7412ドル、4万3174ドルとなっています。1日あたりにすると、それぞれ、109ドル、161ドル、108ドル、102ドル、118ドルです。貧困層と比べると約50倍から80倍となっていることがわかります。この数値を「経済格差」と一般的にはいいます。格差は、この他に「学力格差」「学歴格差」「階層格差」などという言葉もよく使います。

格差が拡大すると、不安定な社会になることは歴史が証明しています。このような認識から21世紀になると、マスコミなどで「格差社会」という言葉が使われ、問題提起されるようになりました。

第4章

分析
統計から日本の姿をひもとく

5年に一度の国勢調査にはどんな意味があるの？

現在、国勢調査では人口や世帯数、産業構造などが調査されています。5年に一度実施され、大規模調査と簡易調査が交互に行われています。日本で最初に国勢調査が行われたのは1920（大正9）年。2015（平成27）年には、数えること第20回目の調査が実施され、次回は2020（令和2）年ということになります。国勢調査の調査方法には2種類あります。ひとつが大規模調査（調査項目が22）であり、もうひとつが簡易調査（調査項目は17）です。調査する項目の違いによって分けられています（調査項目数などは調査年によって変わるケースもあります）。10の倍数の年度は大規模調査年であり、それ以外の年度が簡易調査年です。

調査は世帯単位で行われます。世帯とは住居と生計をともにする個人の集まりであり、家族がその例です。しかし、友人同士がアパートを借り、ルームシェア生活をしているケースなど、親族関係ではない者の集まりも、ひとつの独立した住居に集まって居住しているので、その場合もひとつの世帯として数える決まりとなっています。

国勢調査の大きな目的のひとつに、政治や行政などに統計数字を提供することで、地方交付税の配分や衆議院議員の選挙区の画定などに使われていることがあげられます。

民間・研究部門における利用も主な目的です。経済の動向、すなわち市場の規模や需要の動向などを分析するときに使われています。さらに労働力調査、家計調査、国民生活基礎調査、将来の人口推計の基礎データなどに使われています。2015年、はじめて人口が減少しました。日本の国を知るための重要な基本調査です。

国勢調査と人口の動き

	実施年	調査方法	調査人数
第１回	1920年	大規模調査	55,963,053
第２回	1925年	簡易調査	59,736,822
第３回	1930年	大規模調査	64,450,005
第４回	1935年	簡易調査	69,254,148
第５回	1940年	大規模調査	73,114,308
第６回	1947年	簡易調査	78,101,437
第７回	1950年	大規模調査	83,199,637
第８回	1955年	簡易調査	89,275,529
第９回	1960年	大規模調査	93,418,501
第10回	1965年	簡易調査	98,274,961
第11回	1970年	大規模調査	103,720,060
第12回	1975年	簡易調査	111,939,643
第13回	1980年	大規模調査	117,060,396
第14回	1985年	簡易調査	121,048,923
第15回	1990年	大規模調査	123,611,167
第16回	1995年	簡易調査	125,570,246
第17回	2000年	大規模調査	126,925,843
第18回	2005年	簡易調査	127,767,994
第19回	2010年	大規模調査	128,056,026
第20回	2015年	簡易調査	127,094,745
第21回	2020年	大規模調査	予定

第1回目の調査
人口：約5,600万人

1億人を突破

はじめて人口が減少

国勢調査の統計データは国内の人口や世帯の実態を明らかにし、行政の基礎資料となっています。

ひとくちメモ

日本の国勢調査の原型は1879（明治12）年、杉亨《こう》二《じ》が中心となって現在の山梨県で行われた「甲斐国現在人別帳」とされています。当時の社会情勢ではまだ調査のもつ意味が理解されませんでした。

統計データが示している超高齢化社会

高齢化社会とは、総人口に占める65歳以上の人口の割合が高い社会のことをいいます。65歳以上の人口が総人口に対してどれぐらいの割合を占めるかを示したものを高齢化率といいます。国際連合の発表によると2050年には世界人口の18%が65歳以上になると予測しています。OECD（経済協力開発機構）諸国においては、加盟国のすべてにおいて、2050年には65歳以上の1人の高齢者を約3人の生産人口（20〜65歳未満）で支える超高齢社会となると予測されています。

日本も例外ではなく、国勢調査の結果では1970年の調査では7.1%であった割合が、1995年の調査では14・5%まで増加しました。総務省が発表した2018年9月15日時点の推計人口によると、65歳以上の人口は3557万人となり、総人口に占める割合は28・1%にまで増加し、過去最高を更新しています。人口の4人に1人が65歳以上の高齢者となる数字なのです。

高齢化社会の要因としては医療技術の進歩による平均寿命の伸びと、出生数の減少があげられます。このペースで高齢化社会が進むと、2020年には高齢化率が29・1%、2035年には33・4%になることが予想されています。3人に1人が65歳以上になります。

高齢化社会になるとどんな問題が起きるのでしょうか。労働力人口が減少します。労働力が不足することは国全体のGDPが減少し、景気が悪化します。

高齢者の医療費や年金を支えるために、税金が高くなる可能性もあります。高齢者の介護をする人手不足問題も無視できません。統計データをもとに真剣な議論をしたいものです。

日本の高齢化社会の実態

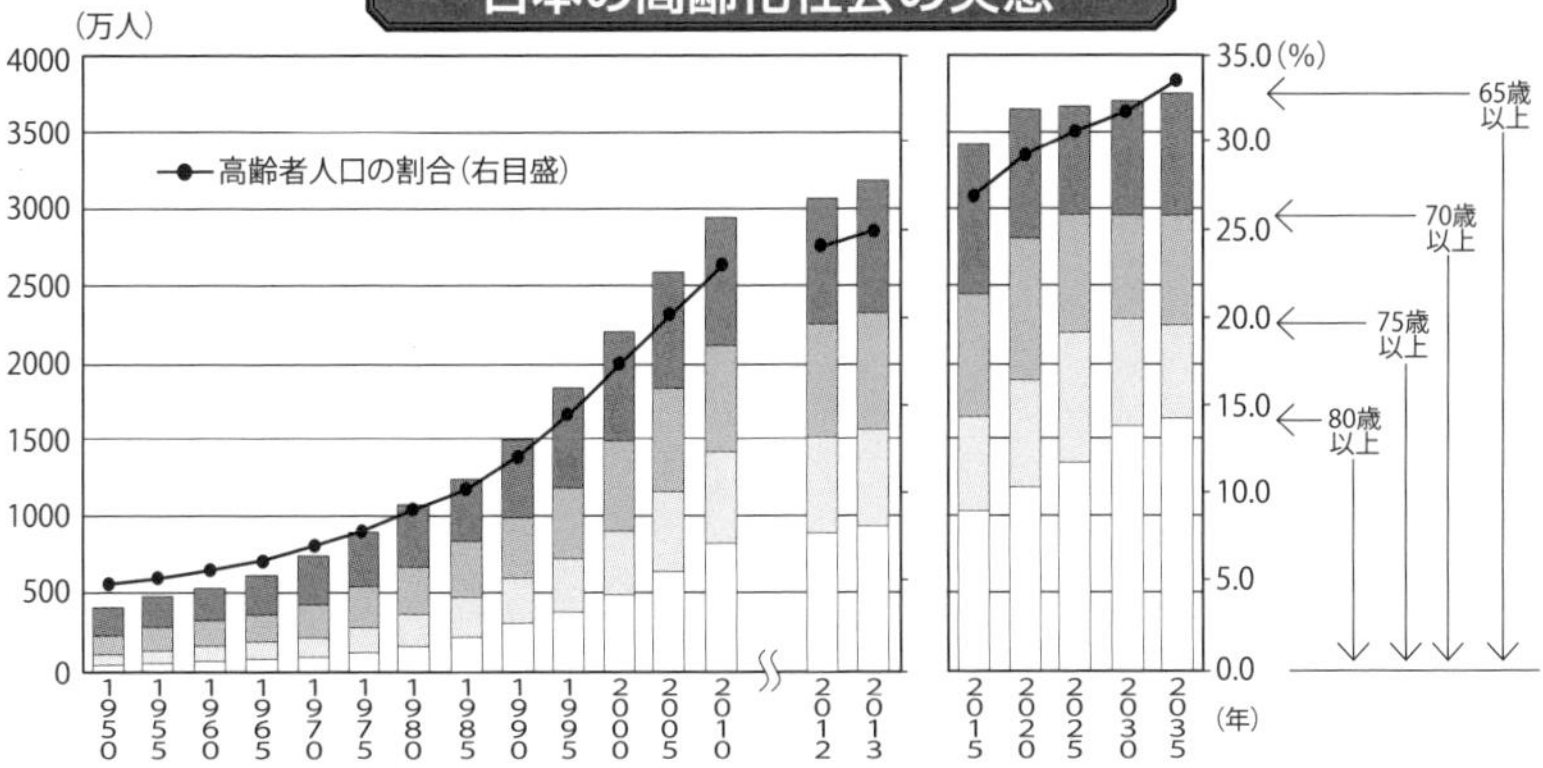

資料：昭和25年～平成22年は「国税調査」、平成24年及び25年は「人口推計」
平成27年以降は「日本の将来推計人口（平成24年1月推計）」出生（中位）死亡（中位）推計
（国立社会保障・人口問題研究所）から作成
注）平成24年及び25年は9月15日現在、その他の年は10月1日現在
出典・総務省統計局の資料

主要国の高齢化率の比較

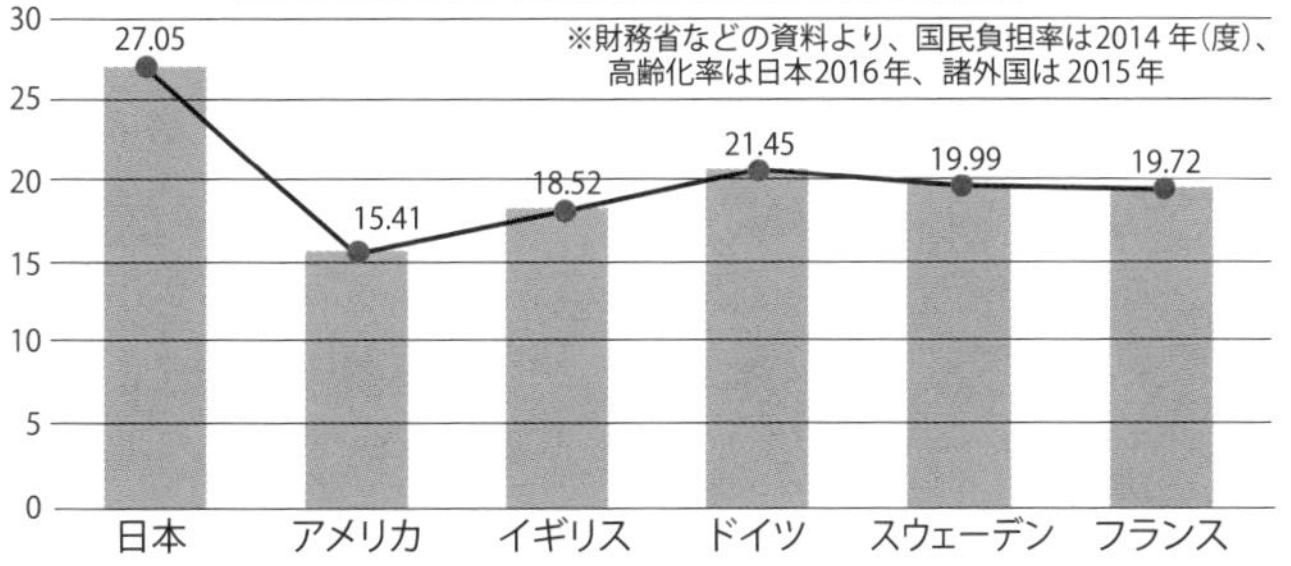

※『眠れなくなるほど面白い 図解 経済の話』（日本文芸社刊）より作成

高齢化社会は年金問題はもちろん、労働力の不足により、日本経済全体が停滞する可能性もあります！

ひとくちメモ

出生率の低下や、医療の進歩などの理由で平均寿命が伸びたことから劇的な高齢化が続いています。日本政府は、高齢化が経済や社会サービスに悪影響を与えないような対策を急いでいます。

統計から読み取れる日本の格差の現状

多くの人たちは格差は拡大していると実感しています。所得や賃金の格差が生じ、富裕層と貧困層の二極化が進んでいるのが現状です。数億円を超える豪邸に住んでいる富裕層が存在しているかと思えば、ローンをかかえ、しかも貯蓄ゼロという世帯が存在するのも現実です。**格差の姿を数値で比較する経済指標に「ジニ係数」があります。日本の社会の実態を知るためにもジニ係数は大切なデータです。**

ジニ係数は、イタリアの統計学者であるコラッド・ジニが考案した係数で、所得の不平等を表す数値です。すべての世帯が完全に平等な場合を「0」とし、1人だけが富を独占するケースを「1」とし、0～1までの間の数値を格差の度合を示す指標としたものです。

1に近づけば近づくほどに格差が広がっている社会であることを示しています。ジニ係数を作り出す根拠となるデータは、政府統計全国消費実態調査、家計調査、国民生活基礎調査、所得再分配調査などから作成されています。

日本のジニ係数の推移を【図A】で見ると、1980年代から所得格差が始まり、毎年上昇しています。1980年は0・31、2015年のジニ係数は0・34と少しずつ上昇しています。格差が大きいといわれているアメリカが0・39、成熟社会といわれている国はだいたい0・3前後です。ジニ係数0・3以下を目指す政策が望まれます（ジニ係数は課税前所得と課税後所得で違います）。

アベノミクスによる株価の上昇などにより、政府は景気回復状態が続いていると発表していますが、**富裕層と貧困層の二極化が鮮明にならないうちに対策をしなくてはなりません。**

【図A】

先進国のジニ係数

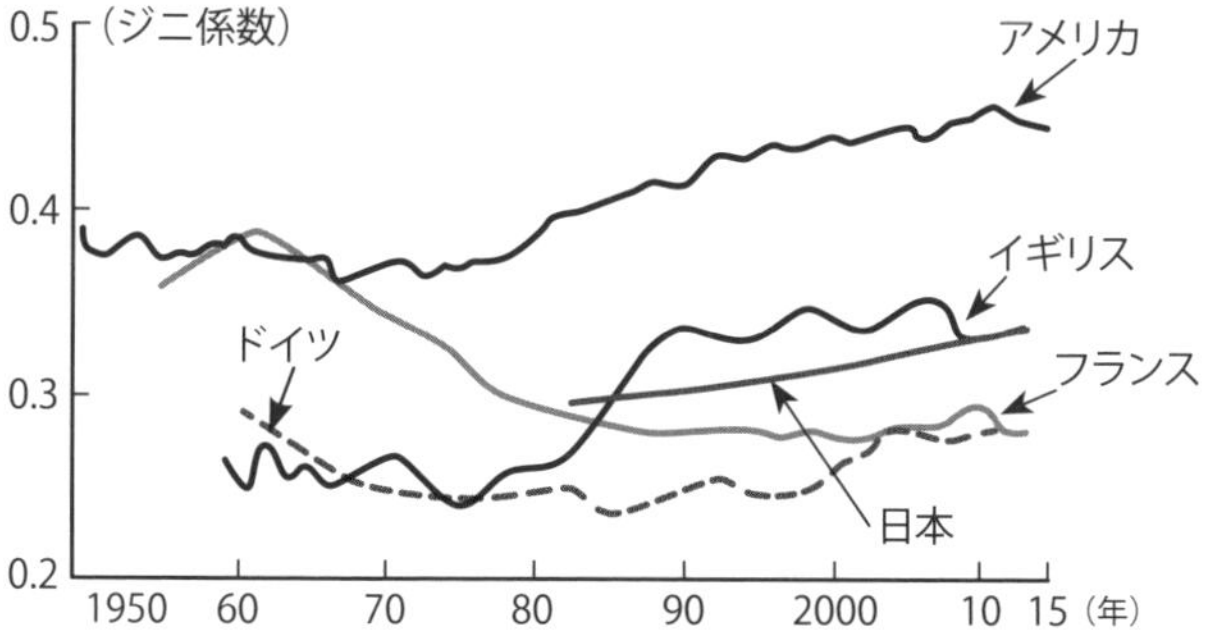

日本のジニ係数は少しずつ上昇しています！

新興国・途上国のジニ係数

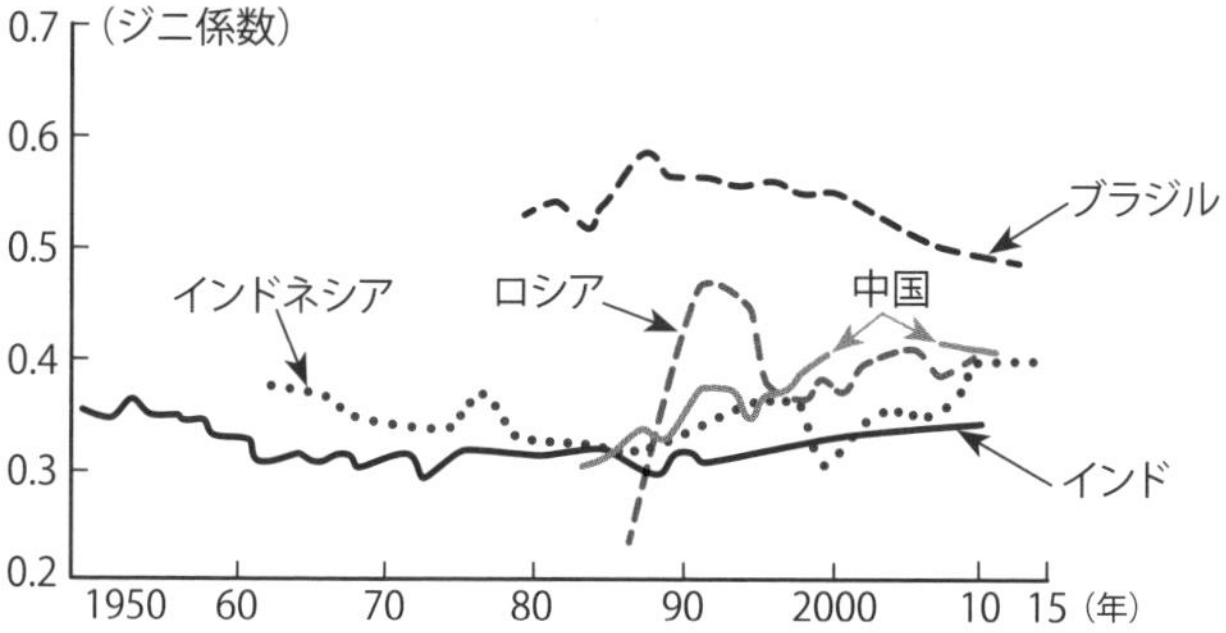

※内閣府発表のデータより作成

新興国・途上国の格差は比較的高いレベルで推移しています！

アベノミクスで政府は景気が回復基調であることを発表していますが、その陰で格差が拡大している社会になりつつあります

ひとくちメモ

2016年のジニ係数は次の通りです。日本0.34、アメリカ0.39、中国0.51、イギリス0.35、ドイツ0.29となっています。

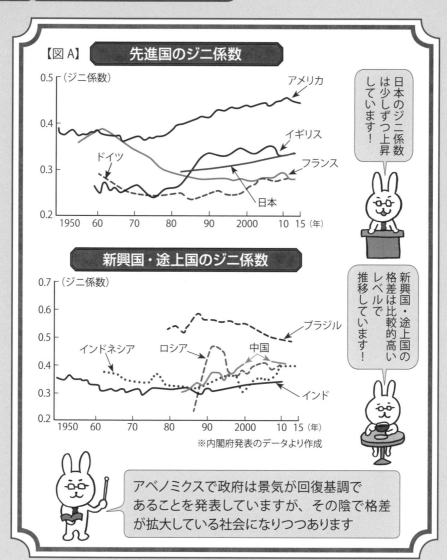

日本は健康格差の脅威にさらされている!?

日本社会は統計データが示すとおり、高齢化社会を迎えようとしてます。日本は高齢化社会とともに、富裕層と貧困層に二極化されつつあることがわかってきました。学力や学歴といった教育格差があることもわかっています。そして**日本にはもうひとつ重要な格差が生まれようとしています。それが「健康格差」なのです。**

日本の平均寿命が伸びていることは、高齢化社会の問題点を除けば歓迎される要素かもしれません。しかし、現状では平均寿命が伸びているだけでなく「健康寿命」の存在も忘れてはいけません。確かにこの数十年で平均寿命は伸びてきました。特に先進国の平均寿命は伸びてきています。一方貧困層が多い国々の平均寿命は伸びていません。誰もが平等に受けられる医療体制が整っていないのが、その要因であると考えられます。

日本や先進国の医療制度が確立しているからといって、安心できるわけはありません。経済格差が広まりつつある今、ひと握りの人たちしか高度な医療の恩恵を受けられない時代が近づいている可能性が十分あります。【図A】は2016年の日本における平均寿命と健康寿命の差をグラフで示したものです。女性の平均寿命は87・14歳と伸びています。男性も約81歳です。高齢化社会とともに少子化問題が起こり、健康寿命と平均寿命の差が大きくなってきたことが社会問題となりつつあります。**多くの人たちが人生の最後を健康な状態で過ごすためには経済格差を小さくし、所得再分配を考えなくてはなりません。所得再分配のキーワードは税金です。北欧並みに20%以上の消費税にするかどうかという議論の土台を統計データは提供します。**

平均寿命と健康寿命

【図A】

(2016年)

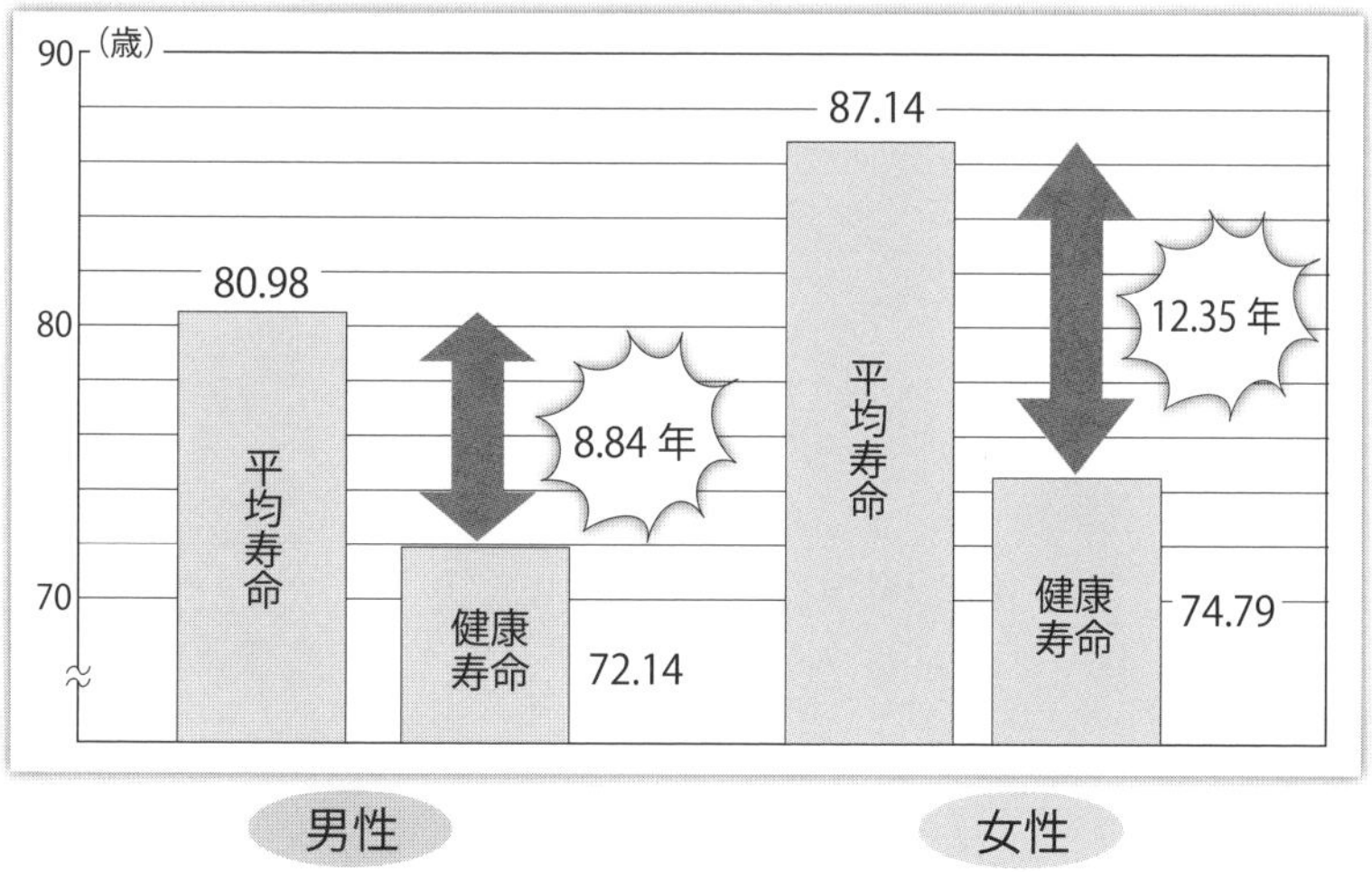

(厚生労働省「完全生命表」他、厚生労働省発表資料より作成)

世界の健康寿命

1位	シンガポール	76.2歳
2位	日本	74.8歳
3位	スペイン	73.8歳
4位	スイス	73.5歳
5位	フランス	73.4歳

(2016年世界保健機関〈WHO〉)

健康的な日常生活を送れる年齢は男性で70歳、女性は73歳くらいといわれています

ひとくちメモ

健康的な日常生活を送ることができる「健康寿命」が「平均寿命」より注目されています。「平均寿命」と「健康寿命」の差が大きいことは、介護を必要とする人が多いということではないでしょうか。

統計と日本の姿

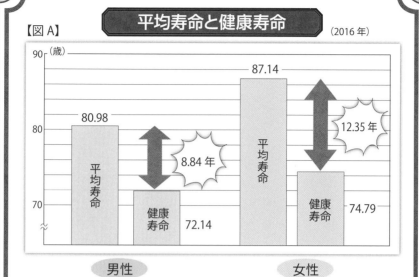

統計データが予言する恐ろしい「老後破産」の現実

新聞やテレビで「老後破産」という言葉を目にする機会が増えています。これは高齢化社会と経済格差が生んだ社会問題です。

30代や40代の若い世代にはまだピンとこないかもしれませんが、このままではさらに「老後破産」がふえる可能性が非常に高いのです。受給できる年金は減少傾向で、年金受給開始年齢が65歳以降になろうとしています。

60歳で定年退職後、年金受給までの最低5年間は空白の期間が生まれ、受給年金額も一般的な生活を維持するためには、十分な金額が支払われないというのが現状なのです。

【図A】をご覧ください。総務省が発表した、高齢夫婦無職世帯（夫65歳以上・妻60歳以上の無職世帯）の家計収支です。２０１７（平成29）年の調査によると、高齢夫婦無職世帯では、年金などの実収入は20万９１９８円です（前年度比較で実質2.3％減）。税金などの非消費支出の２万８２４０円を引くと、18万９５８円が収入となります。食費や光熱費、水道代などの必要な生活費としての支出は23万５４７７円かかります。毎月５万４５１９円の赤字になっていることがわかります。

１年で約65万円の赤字、10年では約６５０万円、20年では約１３００万円となってしまいます。65歳で約１３００万円の貯蓄がなければ悲惨な老後になることがあるのです。高齢者の生活破産は現実のものになっているということです。**年金だけでは生活が行き詰まり、70歳になり、80歳を超えても、身体が動く限り働き続けなければならないことを暗示した統計データです。税金による所得再分配を考えるときがきています。**

高齢夫婦無職世帯の家計収支

【図 A】

必要な生活費

消費支出23万5477円

食費	非消費支出(税・社会保険料等)	交際費	教養娯楽費	交通通信費	水道光熱費	住居費	保健医療費	家事用品費	被服費	その他
25%	11%	12%	11%	11%	9%	7%	6%	4%	3%	1%

厚生年金：平均受給額　18万958円

不足額　5万4519円

カツカツの生活！ゆとりのある生活には、あと10万円は必要といわれる！

ひと月で5万4519円の赤字 → 1年では約65万円の赤字 → 20年では約1300万円の赤字

貯蓄がない状態で65歳を迎えてしまうと深刻な老後を過ごす可能性が高くなってしまいます。老後破産は他人事ではないのです！

ひとくちメモ

社会問題になっている孤独死を、内閣府は「高齢社会白書」2010（平成22）年版に「誰にも看取られることなく息を引き取り、その後、相当期間放置されるような悲惨な死」と定義しています。

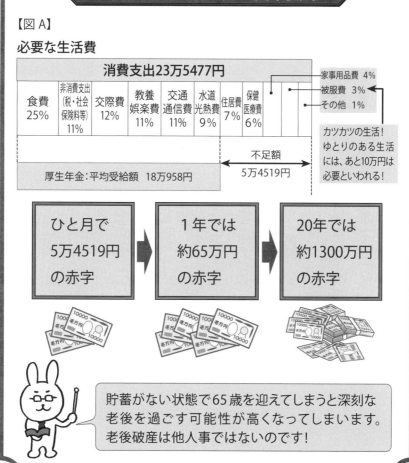

日常生活に忍び寄る２０２５年の問題点

日本は超高齢化社会を迎えつつあります。高齢化社会は、色々な弊害をもたらす可能性があります。厚生労働省が発表した、統計データがあります。これからの日本社会は認知症にかかってしまう人が増加するというデータです（認知症の罹《り》患率《かんりつ》が高くなるわけではありません）。

九州大学の二宮教授の「日本における認知症の高齢者人口の将来推計に関する研究」のデータでは、２０１２年は認知症の高齢者は４６２万人と推定され、２０２５年には約７００万人まで増えるというのです。統計局のデータによると、**高齢者に対する人口比は、２０１２年の15％に対し、団塊の世代といわれている人たちが75歳以上になる２０２５年には約30％に増加すると予測しています。**健康的な生活を維持するにはある程度のお金が必要となってきます（80ページ参照）。それに加え、認知症予防にも努めなければならないのです。認知症は色々な不都合をもたらす可能性があります。高齢者による交通事故により、悲しい結果をもたらしてしまった事件が続いています。アクセルとブレーキを間違えたり、道路を逆走してしまったり、原因は多岐にわたっています。

全国の保険組合の高齢者の医療費を支えるための拠出金も増え続けます。全国の生協の従業員が加入している「日生協健保」や加入者が約50万人にも及ぶ「人材派遣健保」は解散となりました。現在、健保組合は約１４００団体あり、加入者は約２９００万人です。団塊世代が後期高齢者（75歳）になる２０２５年には、健保組合の約25％が解散の危機を迎えるというデータもあります。これからの社会をどうするか、その議論の土台を作るのがデータといってよいかもしれません。

日本の人口予測

2015年 1億2709万人 ➡ **2060年 8674万人**

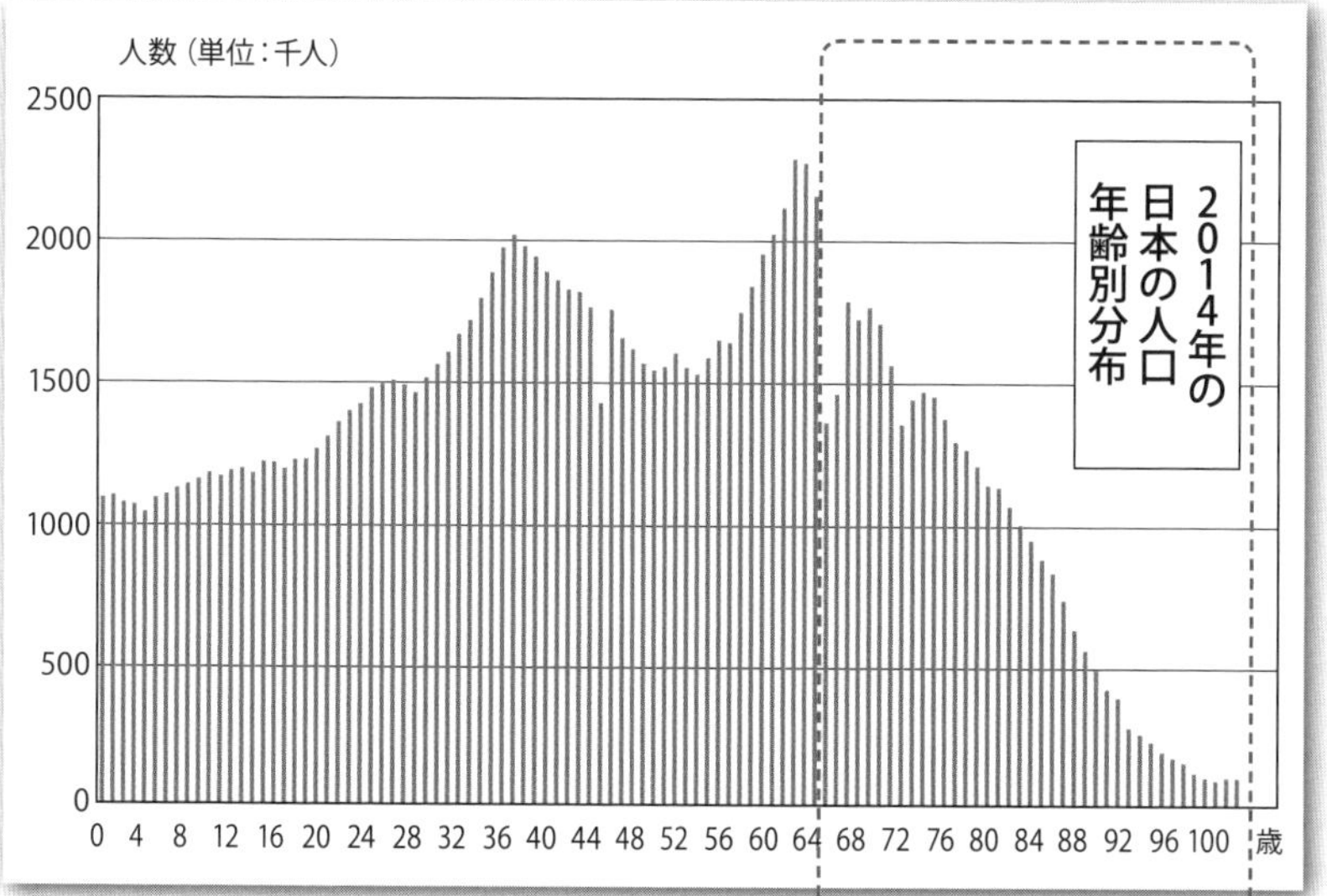

（厚生労働省の資料をもとに作成）

このペースで進むと2025年には人口の約3分の1が高齢者になる勢いです！

1950年＝4.9%
1975年＝7.9%
2000年＝17.4%
2015年＝26.6%
2025年＝30.0%

↓ 増加

全人口に対する65歳以上の割合

ひとくちメモ

高齢者の運転免許の自主返納者の数は、警視庁の発表によると、2018年には42.1万人となっていますが、75歳以上の免許保有者の割合では5％と、まだ低水準です。

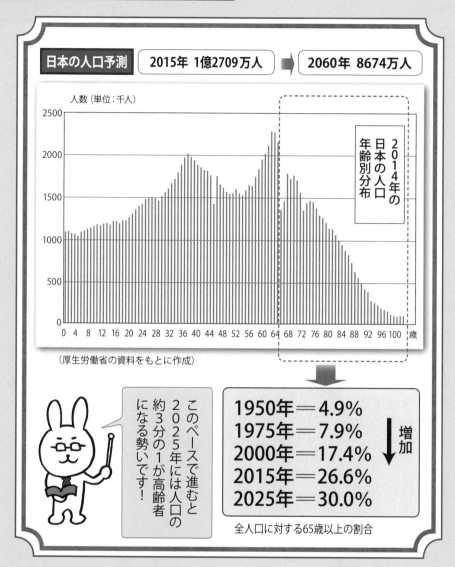

赤字国債の連発で日本の借金は１０００兆円を軽く超えた

財務省が２０１８（平成30）年５月に発表した数字によると日本の借金は、３月末時点で１０８７兆８１３０億円で、長期国債の残高が増え続けたのが大きな要因です。**日本の総人口は１億２６５０万人程度といわれており、単純計算でひとりあたり約８６０万円の借金を背負っていることになります。**国の予算、財務運営費は税金でまかなうのが基本ですが、税収だけでは足らず、その不足分を国債を発行して補わなければならないのが現実なのです。

国債の発行は政府の借金です。このまま税金などによる歳入の回復が見込めず財政赤字が続けば、政府の債務は増加する一方です。バブル崩壊による「失われた10年」と呼ばれる不況の波は単なる景気悪化を招いただけではありません。高齢化により膨れ上がる社会保障費などで赤字幅は年々大きくなってしまったのです。

赤字国債が発行されたのは１９６５（昭和40）年度の補正予算のときです。赤字国債は税収だけでは予算が組めないときに、歳入を補填するために発行される国債のことをいいます。赤字国債は財政法では認められていません。そのため毎年のように発行されている赤字国債は特例国債とも呼ばれます。２０１９（平成31・令和元）年度の予算は１０１兆４５６４億円にもなり、新規国債の発行額は32兆６５９８億円です。予算の約３分の１が国債で補填されているのが現状です。

２０１９年度のＧＤＰ（国内総生産）は約５５０兆円程度が見込まれています。つまりＧＤＰの約２倍が国の借金なのです。**内閣府の予測によれば、２０２０年には債務残高は１１００兆円を突破し、深刻な状況に陥るといわれています。**

国及び地方の長期債務残高

（2018年度政府案）
（単位：兆円）財務省の資料より作成

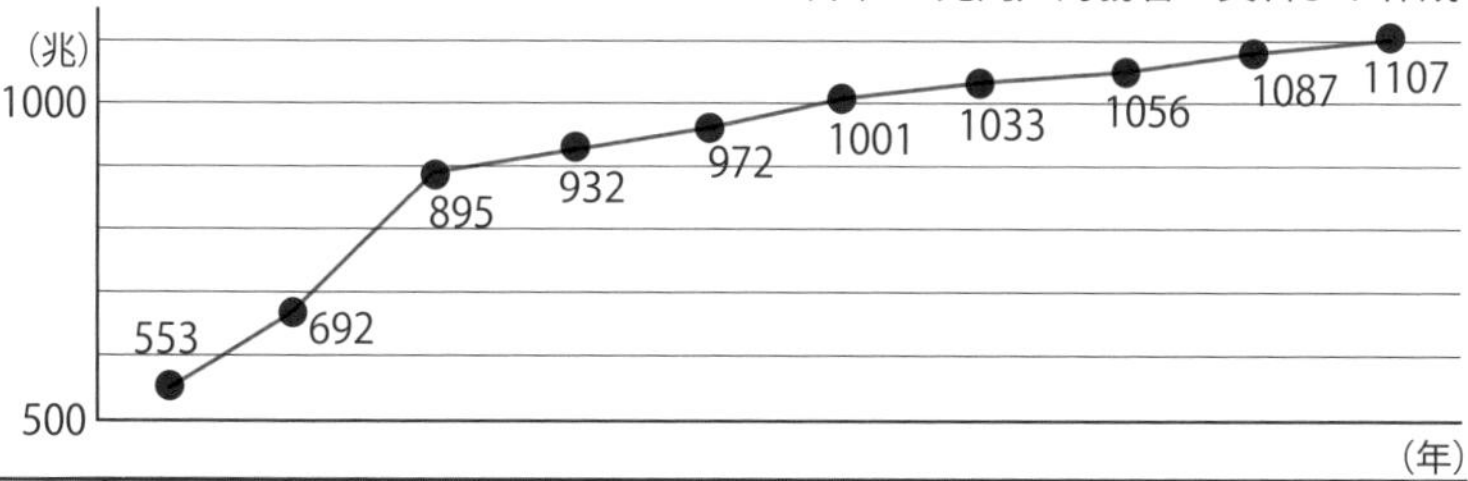

	1998年度末実績	2003年度末実績	2011年度末実績	2012年度末実績	2013年度末実績	2014年度末実績	2015年度末実績	2016年度末実績	2017年度末実績見込	2018年度末（2018年）
国	390（387）	493（484）	694（685）	731（720）	770（747）	800（772）	834（792）	859（815）	893（837）	915（860）
うち普通国債残高	295（293）	457（448）	670（660）	705（694）	744（721）	774（746）	805（764）	831（786）	864（808）	883（828）
地方	163	198	200	201	201	201	199	197	195	192
国・地方合計	553（550）	692（683）	895（885）	932（921）	972（949）	1,001（972）	1,033（991）	1,056（1012）	1,087（1031）	1,107（1052）

平成25年度末までの（ ）内の値は翌年度借換のための前倒債発行額を除いた計数。平成26年度末、27年度末の（ ）内の値は、翌年度借換のための前倒債限度額を除いた計数。

赤字国債を毎年のように発行し続け、債務は軽く1000兆円を超えています。GDPの約2倍の借金とはビックリです。ちなみにアメリカはGDP比では101%、ドイツは87.3%程度です！

ひとくちメモ

赤字国債は1965（昭和40）年度に戦後初めて発行され、その後、1975（昭和50）年度に再び発行されて以降、1990（平成2）年度から1993（平成5）年度を除き発行が繰り返されています。

人に話したくなる統計学 5

お金持ちイコール幸福ではない

ある程度のお金があれば、人は幸せな生活を送ることができると思われています。「人生はお金だけでない」「最低限の生活ができればいい」などと、お金に執着しない考え方をもっている人がいるのも事実です。

お金と幸福度にはどんな関係があるのでしょうか。この問題を真正面から研究した経済学者にリチャード・イースタリンがいます。**彼の学説は「イースタリンの逆説」と呼ばれ、「貧困層はお金により幸福を感じるが、中間層は一定のお金が増えても幸福感は変化しない」という考え方です。**

幸福感に影響を及ぼす要因としては、「年齢」「教育や知性」「育児」「お金」の4つの要因があげられます。その要因のひとつである「お金」と「幸福度」の関係をグラフにしたのが「イースタリンの逆説」なのです。

「年収は7万5千ドルを超えると、それ以上収入が増えても幸福感は変化しない」という内容です（年収は40年前のデータ）。

お金は確かに「物質的な幸福」の基盤となり、購買力の指標になります。しか

日本の幸福度が58位と低水準なのは、心理的なストレスが幸福感を満たしていないからかもしれません。

しお金だけでは解決できない問題があることも事実です。

これを裏づける統計データに「幸福度調査」があります。

2019（平成31）年3月20日に最新版の「国別・幸福度ランキング」が発表されました。日本の順位はなんと156か国中、58位という結果でした。幸福度ランキング上位国は、1位フィンランド、2位デンマーク、3位ノルウエー、4位アイスランド…といった具合に北欧諸国が目立っています。税金は高いが社会保障費が手厚いといった国ばかりです。

幸せの感じ方は人それぞれですが、お金があれば必ず幸せになれるという考え方は適切ではないと、色々な統計データが教えています。お金があっても精神的、身体的に健康でないと不自由な生活を強いられる結果にもなります。

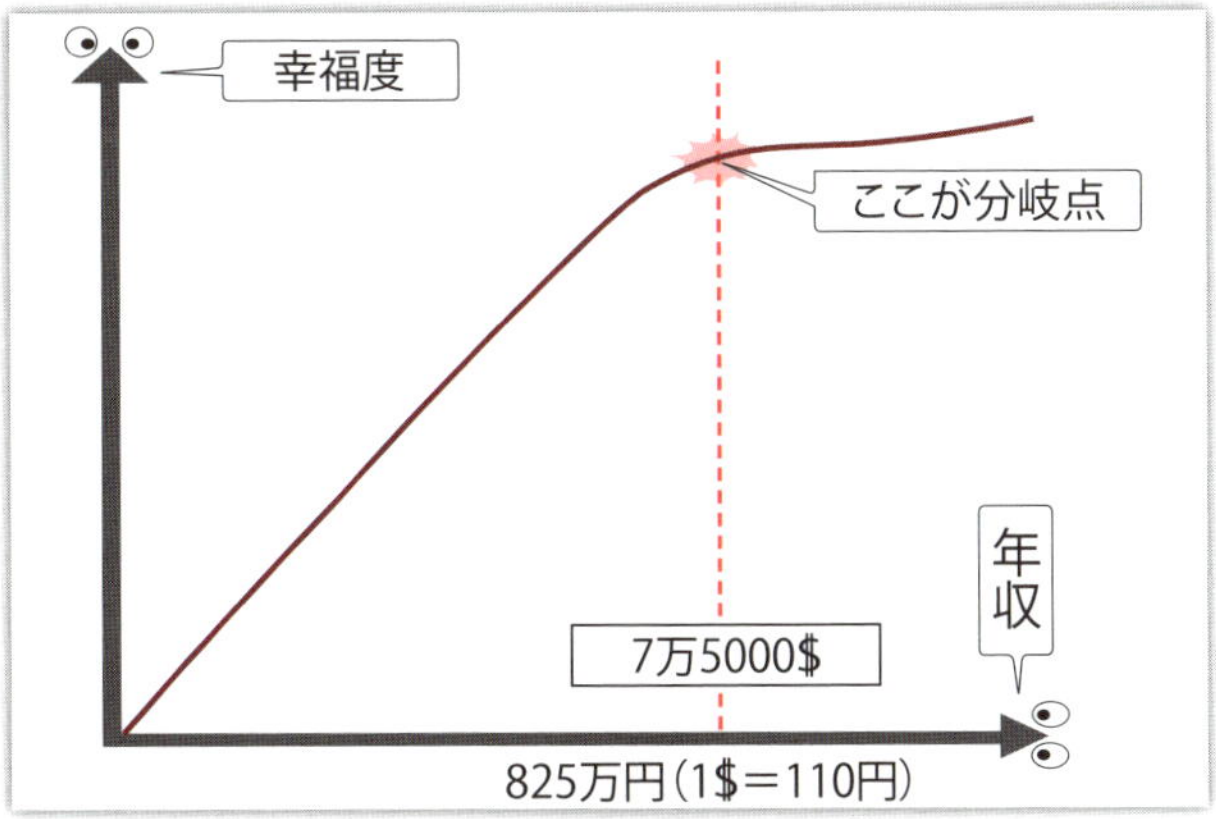

2019年世界幸福度ランキング

1位	フィンランド	6位	スイス
2位	デンマーク	7位	スウェーデン
3位	ノルウエー	8位	ニュージーランド
4位	アイスランド	9位	カナダ
5位	オランダ	10位	オーストリア

イースタリンの逆説（パラドックス）は今から約45年前に発表された学説です。必ずしも収入と幸福度は比例するものではないと説いています！

Column ⑤

日常生活を統計の数字から眺めてみる①

ネット社会を迎え、家にいながら気軽に買い物を楽しめる時代になりました。それに比例して物流の世界では人手不足が囁かれるほど、多くの商品が全国を駆け巡っています。国土交通省が発表した2017（平成29）年度の宅配便（トラック）取扱個数は、約42億1200万個です。この統計数字は日本国民、約1億2700万と比較すると、単純計算で一人当たり年間33個を利用している計算です。1億2700万人という数字は子どもも含む数ですから、大人一人当たりの数は現実にはさらに大きい数になると考えられます。

交通事故で死亡したり負傷したりする確率はどうでしょうか。警視庁が発表したデータによると、2018（平成30）年度は死者3532人、負傷者は52万5846人です。事故件数は約43万件ですから、事故遭遇確率は約0.34％です。単純計算で人生80年間で計算すると、0.34×80＝27.2となり、約4人に1人以上の割合で交通事故に遭遇するという、驚くべき割合になっているのです。身近に交通事故に遭遇した人がいるのもうなずけます。交通ルールを守ることの重要性をこのデータは教えているのではないでしょうか。

第5章

理論

推測統計学にせまる

データを整理する統計と加工する統計

データをあまり加工しないでグラフにしたものをここでは「算数的統計」ということにします。その数値を表にしたのが【図Ａ】です。ヨコが年度（西暦）、タテが作付面積や収穫量ということがわかれば理解できる表です。

【図Ｂ】は気温を折れ線グラフ、降水量を棒グラフで表した図で、これは社会の教科書に出てくる雨温図《うおんず》と呼ばれています。タテは気温と降水量、ヨコは月です。表に比べて変化がよくわかります。これはデータを加工している図ですが、雨温図だけでその地域の気候のことがある程度わかって便利です。

アトランダムに並んでいるデータをわかりやすく整理、要約してその特徴を上手にとらえる方法を「記述統計」といいます。

算数的統計も記述統計のひとつですが、ここでは加工してわかりやすく表示したものを記述統計と呼ぶことにします。**データの特徴をすぐつかめる道具として、度数分布表、ヒストグラム、箱ひげ図などがあります。平均値、中央値、最頻値、相関関係といった加工した統計量を利用して図表などを作成します。**

Ａ市の中学３年生１万人の数学の学力を調査する場合を考えてみます。１万人の調査は時間と費用がかかるので、それらを節約する方法として、５００人を選び出し、平均値や中央値、標準偏差などを求めることとします。

このように５００人を選び計算の作業を何度もくり返すと、得られた平均値は正規分布に近づいていきます。

【図Ｃ】の「標準正規分布」をもとにして１万人の集団の分布を推測するのが「推測統計」です。

●算数的統計

【図A】米の生産の推移

		1980	1990	2000	2010	2017	2018
作付面積（万ha）	水稲	235	206	176	163	147	147
	陸稲	3	2	0.7	0.3	0.1	0.1
合計		238	208	177	163	147	147
収穫量（万t）	水稲	969	1046	947	848	782	778
	陸稲	6	4	2	0.5	0.2	0.2
合計		975	1050	949	848	782	778

日本のすがた2019・矢野恒太郎記念会より

【図B】日本のすがた2019
矢野恒太郎記念会より

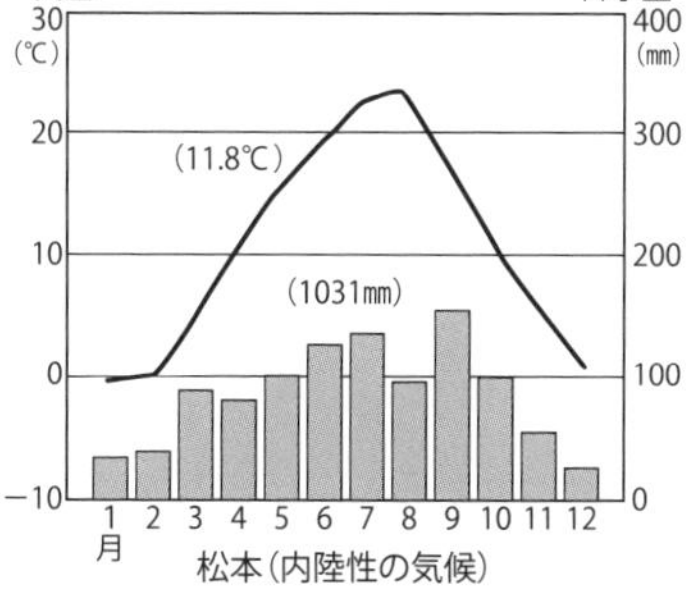

松本（内陸性の気候）

あまり加工していないデータでも、表現の仕方を変えると【図B】のように全体像を読み取ることができます！

●加工した記述統計

家庭学習時間	度数	階級値
以上～未満		
0～4	2	2
4～8	4	6
8～12	4	10
12～16	6	14
16～20	3	18
20～24	1	22
計	20	

度数分布表

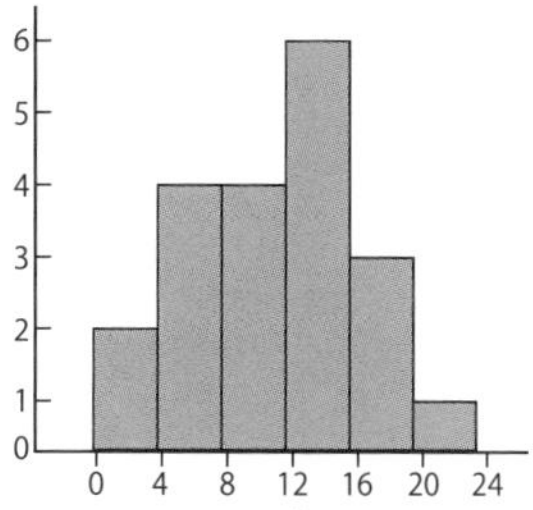

ヒストグラム

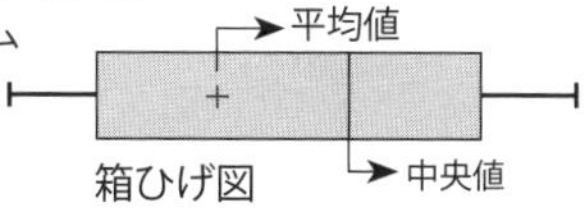

箱ひげ図

●推測統計

【図C】標準正規分布

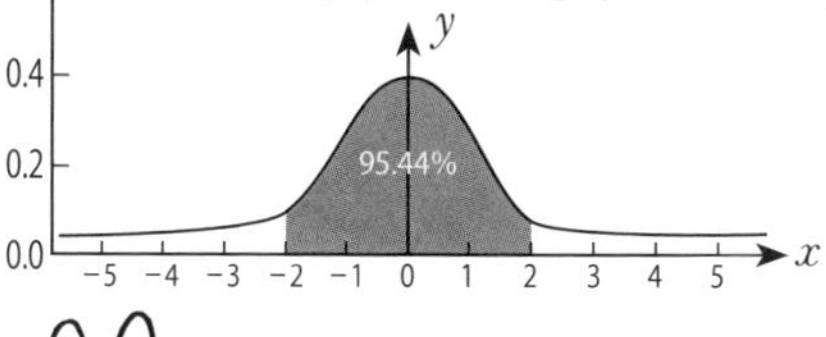

１万人中500人のデータを調べる

正規分布がわかれば１万人の全体の姿を推測することが可能

推測統計は「統計学の理論」と「確率理論」のコラボで成りたっている考え方です。そのため、統計学を学ぶ前に確率を学ぶことが多いのです！

2つのデータの相関関係がわかる散布図

ある2つのデータxとyがあるとします。このxとyにどのような関係があるかを調べる図を「散布図」といいます。

3年X組の女子20名の学習時間と国語のテストの結果は【図A】です。これをもとにして散布図を書いたのが【図B】です。

この図を見ると右肩上がりの傾向があります。xが増加すればyも増加することが読み取れます。点数を増加させるには学習時間も増やさなければならないと解釈できます。2つの変量xとyの間に「正の相関関係」があるといえます。

2つの変量xとyが対応する点が右肩下がりになったときは、2つの変量xとyの間に「負の相関関係」があるといいます。どちらの傾向も見られないときは「相関関係がない」といいます。

【図B】のような散布図に、ほとんどの学校がなると考えられています。

次に、2つの変量x、yの関係を表す値を考えることにしましょう。xとyのデータの平均値を求めます。xの平均値は67点です。

yの平均値は11時間です。散布図に記入されたすべての点は、$\bar{x}$と$\bar{y}$の座標となる(67・11)の周りに集まります。それが【図C】の座標です。各部分をⅠ、Ⅱ、Ⅲ、Ⅳに分けるとき、xとyの間に正の相関関係があれば散布図はⅠとⅢに集まります(座標の数字は出席番号)。

対応する2つの変量x、yの値の組を(x_1, y_1) (x_2, y_2)…(x_n, y_n)とし、x、yのデータの平均値をそれぞれ$\bar{x}$、$\bar{y}$とします。散布図に記入されるすべての点は、点$(\bar{x}$、$\bar{y})$の周りに集まります。その図が【図D】です。この図をもとに相関係数を求めることができます。

【図A】3年X組の女子20名の学習時間と国語のテストの結果

	出席番号	1	2	3	4	5	6	7	8	9	10	11	12	13	14	15	16	17	18	19	20
x	国語点数	40	70	45	75	85	90	95	35	55	81	89	30	53	65	96	82	66	47	73	68
y	学習時間	2	10	5	8	15	20	18	3	7	9	19	4	6	11	22	17	10	5	16	13

【図B】

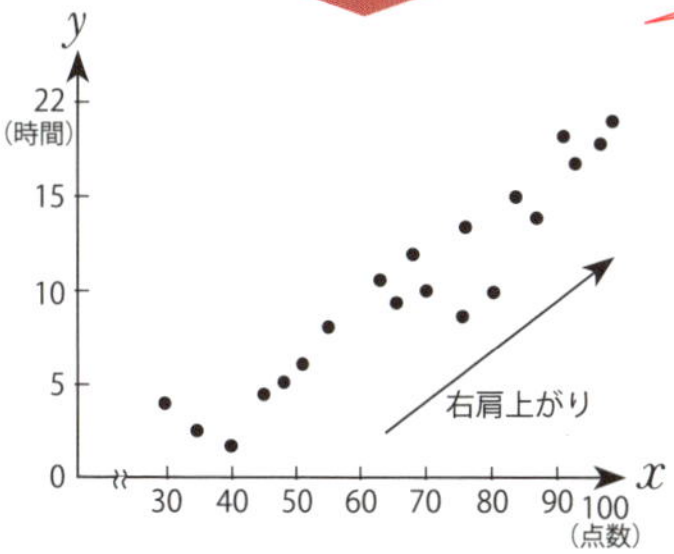

正の相関関係がある

右肩下がりのケース

負の相関関係がある

どちらの傾向もないケース

相関関係がない

《相関関数》

xの平均点　67点
yの平均点　11時間

【図C】

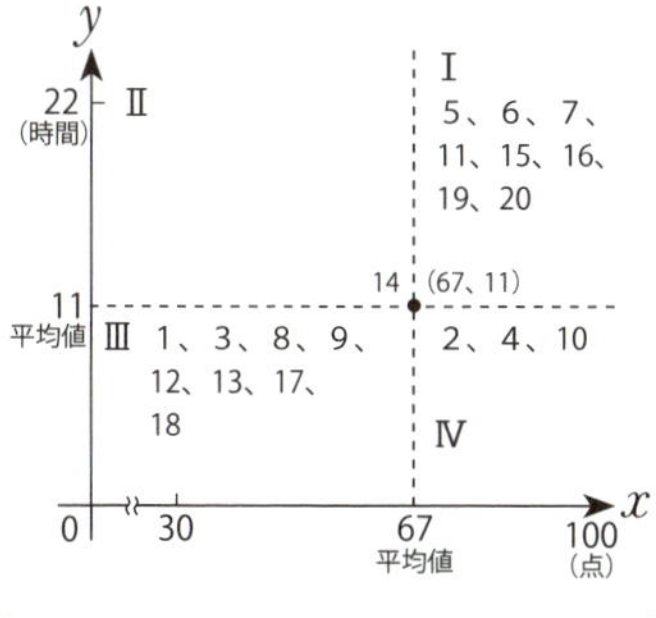

xとyの間に正の相関関係があると、点はⅠとⅢの部分に負の相関関係があると、点はⅡとⅣの部分に集まる傾向があります。

$(x_i-\bar{x})(y_i-\bar{y})>0$ ⇨ ⅠまたはⅢに属す。$(x_i-\bar{x})(y_i-\bar{y})<0$ ⇨ ⅡまたはⅣに属す。

【図D】

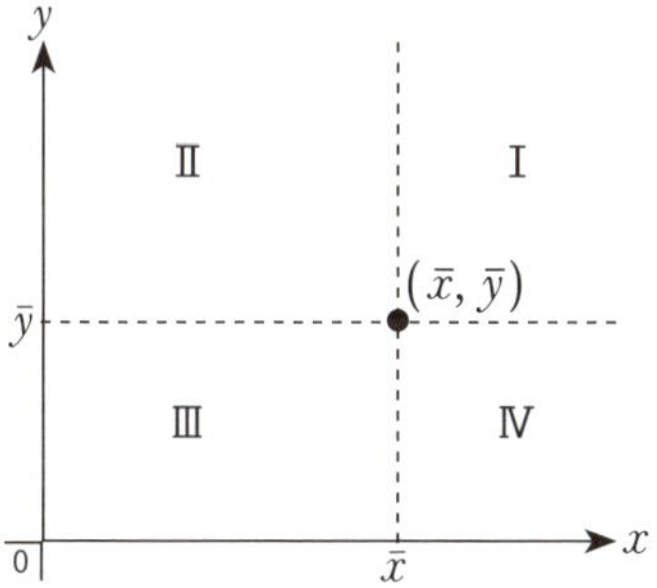

対応する2つの変量x, yの値の組みを$(x_1y_1)(x_2y_2)\cdots(x_n, y_n)$とし、$x, y$のデータの平均値をそれぞれ$\bar{x}, \bar{y}$とします。
散布図に記入されるすべての点は、点$(\bar{x}, \bar{y})$の周りに集まります。

Ⅰ ⇨ $x_i-\bar{x}>0, y_i-\bar{y}>0$
Ⅱ ⇨ $x_i-\bar{x}<0, y_i-\bar{y}>0$
Ⅲ ⇨ $x_i-\bar{x}<0, y_i-\bar{y}<0$
Ⅳ ⇨ $x_i-\bar{x}>0, y_i-\bar{y}<0$

確率変数と確率分布から正規分布を求める

推測統計は正規分布を利用しています。

「1個のサイコロを投げて、1の目が出るときは500円、3または5が出るときは300円、偶数が出るときは200円の賞金が与えられます。」このときの、賞金が与えられる確率を求めると次のようになります。

500円→$\frac{1}{6}$、300円→（3と5で2つ）$\frac{2}{6}=\frac{1}{3}$、200円→（偶数が3つ）$\frac{3}{6}=\frac{1}{2}$。与えられる賞金をXとすると、Xは500、300、200といった変数となります。

またXは試行の結果（サイコロの目が出る確率）によって決まります。**試行の結果によりその値が定まる変数を「確率変数」といいます。**先の場合、賞金Xが変数で、対応する確率$\frac{1}{6}$、$\frac{1}{3}$、$\frac{1}{2}$がそれぞれ対応します。

$X=a$となる確率をp（$X=a$）と、$a \leqq X \leqq b$となる確率をp（$a \leqq X \leqq b$）と表します。Xとpは中学で学んだ関数ですから、グラフに描くことが可能です。Xとpは関数であることは対応表を作成するとより明らかになります、このサイコロの賞金の場合は【図A】のようになります。これを棒グラフにしたのが【図B】です。

確率変数Xの値とXに対応する確率pの値を対応させた表を「確率分布表」といいます。pをすべて足すと1です。確率変数Xのとる値が$x_1, x_2, \cdots x_n$であるとき、$p(X=x_i)=p_i$とすると、次のことが成りたちます。①$p_1 \geqq 0$ $p_2 \geqq 0$ $\cdots p_n \geqq 0$ ②$p_1+p_2+\cdots+p_n=1$ このときのXの確率分布表は【図C】です。この確率分布が正規分布に近くなる図を考えます。2つのサイコロの目の和の確率分布【図D】を見ると、なぜ推測統計が確率を利用するのかがわかってきます。

確率分布表 【図A】

X＝確率変数　p＝確率

X	200	300	500	計
P	$\frac{1}{2}$	$\frac{1}{3}$	$\frac{1}{6}$	1

棒グラフにする

【図B】

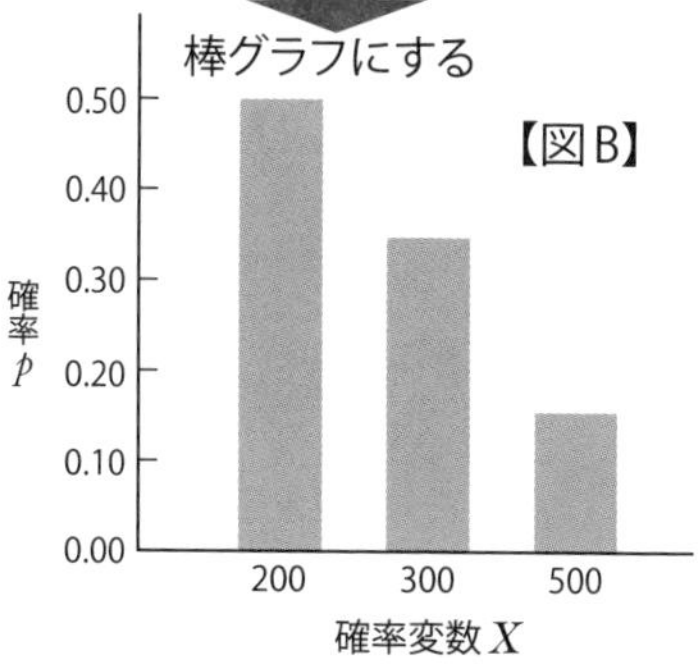

【図C】

X	x_1	x_2	…	x_n	計
p	p_1	p_2	…	p_n	1

確率変数Xのとる値がx_1、x_2、…x_nであるとき、$p(X=x_i)=p_i$とすると、次のことが成りたちます。①$p_1 \geqq 0$ $p_2 \geqq 0 \cdots p_n \geqq 0$　②$p_1+p_2+\cdots+p_n=1$

確率分布が正規分布に近くなる

【図D】 **２つのサイコロを同時に投げたときに出た目の和**

２つのサイコロを同時に投げたときは36通りの事象があります。確率変数Xと対応する確率pとの関係は下記のようになります。

X	2	3	4	5	6	7	8	9	10	11	12	計
p	$\frac{1}{36}$	$\frac{2}{36}$	$\frac{3}{36}$	$\frac{4}{36}$	$\frac{5}{36}$	$\frac{6}{36}$	$\frac{5}{36}$	$\frac{4}{36}$	$\frac{3}{36}$	$\frac{2}{36}$	$\frac{1}{36}$	1

❖２つのサイコロの目の和の確率分布

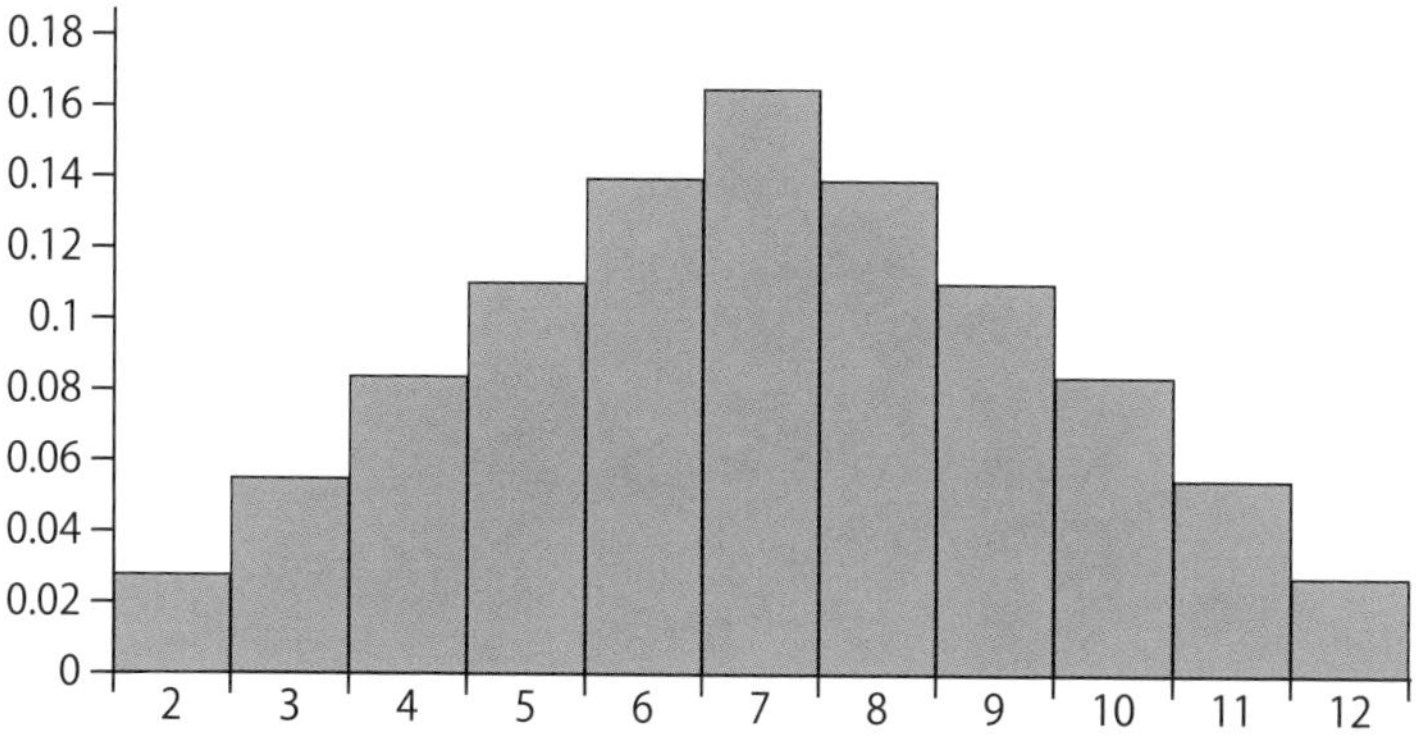

推測統計学

推測統計で重要な確率変数の平均

確率変数Xの平均は推測統計に欠かせない、データの散らばり具合を表す「分散」を求めるときに必要となります。

A社の社員は100名います。今期の業績がよかったので、記念イベントのひとつとして、くじ引き大会をすることにしました。100本のくじを作り、社員一人ひとりがくじを引きます。

1等2万円が5本、2等1万円が8本、3等5000円が12本、4等3000円が25本、5等2000円が50本です。はずれくじはありません。

このときの賞金の平均を求めると4150円になります（賞金総額をくじの総数で割ったのが平均です）。

総額は、確率変数Xからも求めることができます。確率変数Xと確率pの分布は【図A】となります。

確率変数のXの平均のことを「期待値」といい、E(X)で表します。

一般式では次のようになります。

「確率変数Xのとる値が$x_1, x_2 \cdots x_n$でXがそれぞれの値をとる確率が$p_1, p_2 \cdots p_n$のとき、$E(X)=\sum_{i}^{n} x_i p_i = x_1p_1+x_2p_2+\cdots x_np_n$となります。」

分布表は【図B】のようになります。次に95ページの「2つのサイコロの目の和」の確率分布表から確率変数E(X)を求めてみると、E(X)は7となります。**これは確率分布図が左右対称の7を頂点とした二等辺三角形の「三角分布」からも推測できます**（95ページの確率分布の図を見てください）。

確率分布図が、だんだん正規分布に近づいてきました。

等級別くじの確率

1等→$\frac{5}{100}$　2等→$\frac{8}{100}$　3等→$\frac{12}{100}$　4等→$\frac{25}{100}$　5等→$\frac{50}{100}$

賞金の総額

1等→2万円×5本（10万円）
2等→1万円×8本（8万円）
3等→5,000円×12本（6万円）
4等→3,000円×25本（7万5,000円）
5等→2,000円×50本（10万円）

10万円＋8万円＋6万円＋7万5,000円＋10万円＝41万5,000円

100で割る　**4,150円**

【図A】確率変数から総額を求める

X＝確率変数	2000	3000	5000	10000	20000	計
p＝確率	$\frac{1}{2}$	$\frac{1}{4}$	$\frac{3}{25}$	$\frac{2}{25}$	$\frac{1}{20}$	1

$$2{,}000\times\frac{1}{2}+3{,}000\times\frac{1}{4}+5{,}000\times\frac{3}{25}+10{,}000\times\frac{2}{25}+20{,}000\times\frac{1}{20}=4{,}150$$

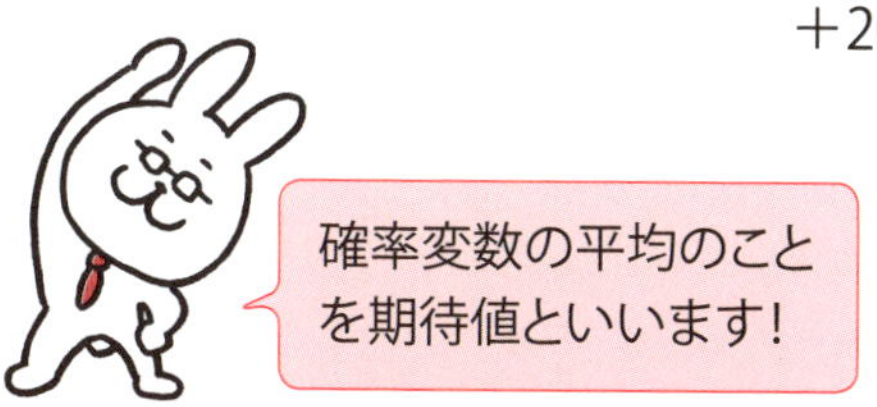

【図B】

X	x_1	x_2	…	x_n	計
p	p_1	p_2	…	p_n	1

「2つのサイコロの目の和」の確率分布を求めてみる

X	2	3	4	5	6	7	8	9	10	11	12
p	$\frac{1}{36}$	$\frac{2}{36}$	$\frac{3}{36}$	$\frac{4}{36}$	$\frac{5}{36}$	$\frac{6}{36}$	$\frac{5}{36}$	$\frac{4}{36}$	$\frac{3}{36}$	$\frac{2}{36}$	$\frac{1}{36}$

$$2\times\frac{1}{36}+3\times\frac{2}{36}+4\times\frac{3}{36}+5\times\frac{4}{36}+6\times\frac{5}{36}+7\times\frac{6}{36}+8\times\frac{5}{36}+9\times\frac{4}{36}+10\times\frac{3}{36}+11\times\frac{2}{36}+12\times\frac{1}{36}=7$$

期待値E(X)は7となります。

正規分布の基礎となる確率変数の分散

確率変数の平均からデータの散らばり具合を考えます。XとYは、それぞれ確率分布に従う仮想の確率変数とします。なお確率分布は$X=0$，$Y=0$のとき頂点となる二等辺三角形の三角分布とします【図A】。xの平均は$\{(-3)+(-2)+(-1)+0+1+2+3\}\div 7=0$、$y$の平均も同様に0です。平均値だけでは$x$と$y$の確率分布の違いを示すことはできません。棒グラフを書くと【図B】のようになります。X、Yともに0を中心に左右対称です。XとYをヨコ軸、確率pをタテ軸にします。【図B】のグラフを見れば①より②のほうがなだらかな山になっていることがわかります。**視覚的にデータの散らばり具合がわかるのが特徴といってもいいでしょう。**

しかし【図B】のようなグラフは、ヒストグラムを作成するときと同じで結構な労力が必要です。計算をして、数値を出して散らばり具合がわかれば手間が省けるはずです。そこで偏差の登場です。「データn個の値を$x_1, x_2 \cdots x_n$とし、その平均値を$\bar{x}$とするとき、各値と平均値の差を$x_1-\bar{x}, x_2-\bar{x} \cdots x_n-\bar{x}$としたものが偏差です」という言葉を思い出してください。確率変数も同様に考えることができます。Xのとる値を$x_1, x_2 \cdots x_n$として、確率$p(X=x_i)$をp_i, Xの平均をmとすると、次の式ができます。

$$(x_1-m)^2p_1+(x_2-m)^2p_2+\cdots+(x_n-m)^2p_n$$

この式を確率変数Xの「分散」といい、「$V(X)$」で表します。 この式を簡潔に表すと$V(X)=\sum_{i=1}^{n}(x_i-m)^2p_i$となります。また分散は$X$の平均$m$から偏差の2乗、すなわち$(X-m)^2$の平均です。確率変数$X$の平均は$E(X)=\sum_{i=1}^{n}x_ip_i$なので、$V(X)=E((X-m)^2)$となります。

【図A】XとYはそれぞれ確率分布に従う仮想の確率変数

①

X	−3	−2	−1	0	1	2	3	計
p	0.05	0.1	0.2	0.3	0.2	0.1	0.05	1

②

Y	−5	−4	−3	−2	−1	0	1	2	3	4	5	計
p	0.025	0.05	0.075	0.1	0.15	0.2	0.15	0.1	0.075	0.05	0.025	1

【図B】

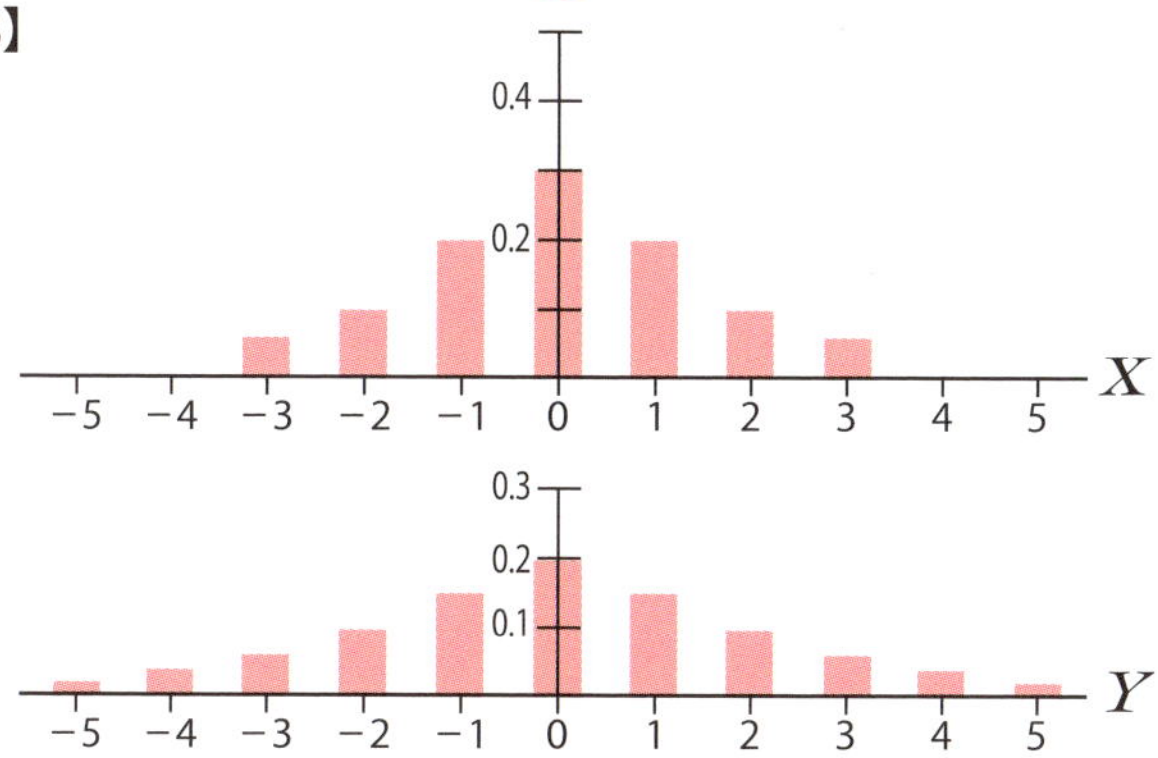

①と②の確率変数XとYの分散を求める

$E(X) = E(Y) = 0$

$V(X) = (-3-0)^2 \cdot 0.05 + (-2-0)^2 \cdot 0.1 + (-1-0)^2 \cdot 0.2 + 0^2 \cdot 0.3$
$+ (1-0)^2 \cdot 0.2 + (2-0)^2 \cdot 0.1 + (3-0)^2 \cdot 0.05 = 2.1$

$V(Y) = (-5-0)^2 \cdot 0.025 + (-4-0)^2 \cdot 0.05 + (-3-0)^2 \cdot 0.075$
$+ (2-0)^2 \cdot 0.1 + (1-0)^2 \cdot 0.15 + 0^2 \times 0.2 + (1-0)^2 \cdot 0.15$
$+ (2-0)^2 \cdot 0.1 + (3-0)^2 \cdot 0.075 + (4-0)^2 \cdot 0.05 + (5-0)^2$
$\times 0.025 = 5.3$

　$V(Y) > V(X)$により、Yの確率分布の方がXより平均からの散らばり具合が大きいことがわかります。

　確率変数Xの分散$V(X)$の正の平方根をXの「標準偏差」といい、$\sigma(X) = \sqrt{V(X)}$という式になります。

（注）σ ＝シグマ

推測統計のキーワードは「正規分布」

今までの確率変数は数えられる数値なので「離散型確率変数」といいます。そのためヒストグラムのように非連続なグラフになります。**推測統計の正規分布は曲線が普通です。曲線にするために、微分積分を使います。**

A校3年生の男子は100名います。体重測定をしました。5kgごとの階級値で度数分布表を作成したのが【図A】です。

ここではこの相対度数を確率と考えることにします。45kg以上50kg未満に属している人数は100人中14人の確率だととらえるのです。

この相対度数を確率とするなら、1000人の集団であれば、1000人の14%の人数、すなわち140人が45kg以上50kg未満だと推測することが可能になります。

【図A】の度数分布表をヒストグラムに書くと【図B】になります。xの値が各階級に属する確率は、それぞれの階級に対応する長方形の面積と考えられます。

この長方形の面積の和（相対度数の和）は1です。このヒストグラムはグラフがなめらかでなく連続していません。しかし、階級の幅を小さくしていくと、ヒストグラムはひとつの曲線に近づいていきます（微分で学んだ極限を思い出してください）。そのイメージ図が【図C】です。

確率変数が連続することによって曲線で表すことができます。これは関数$y=f(x)$と同じだと考えることができます。これを正規分布といいます。xの値を求めると（データ）、それに応じたyの値（P＝確率）がただひとつ定まっているから関数なのです。正規分布がわかると、次の推測統計が理解できます。

【図A】度数分布表

体重(kg)	度数	相対度数
以上〜未満		
35 〜 40	2	0.02
40 〜 45	5	0.05
45 〜 50	14	0.14
50 〜 55	21	0.21
55 〜 60	25	0.25
60 〜 65	18	0.18
65 〜 70	8	0.08
70 〜 75	4	0.04
75 〜 80	3	0.03
計	100	1

【図B】ヒストグラム

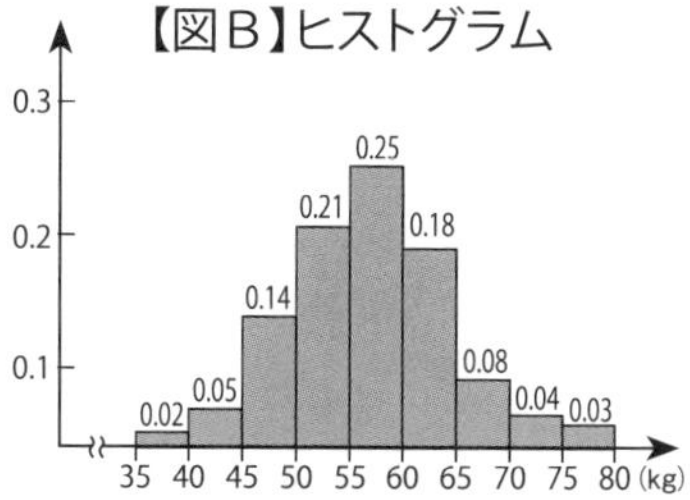

【図C】

図Bをもとにしたグラフ

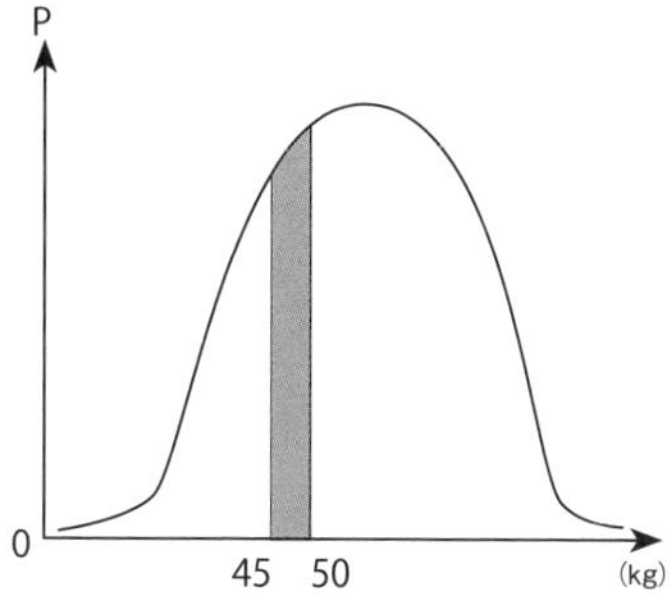

関数の一般式でグラフ化してみる

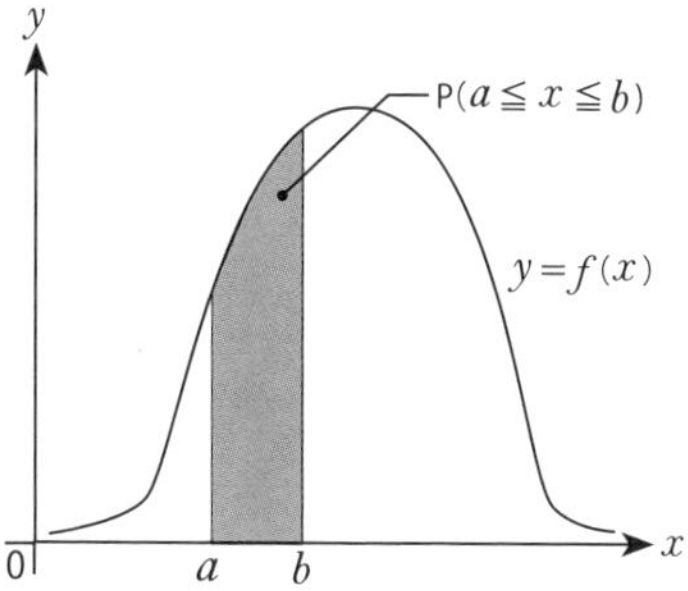

ひとくちメモ

正規分布曲線の数式 $= f(x) = \frac{1}{\sqrt{2\pi}\sigma} e - \frac{(x-m)^2}{26^2}$

e=自然対数の底

σ(シグマ)=標準偏差　m=平均

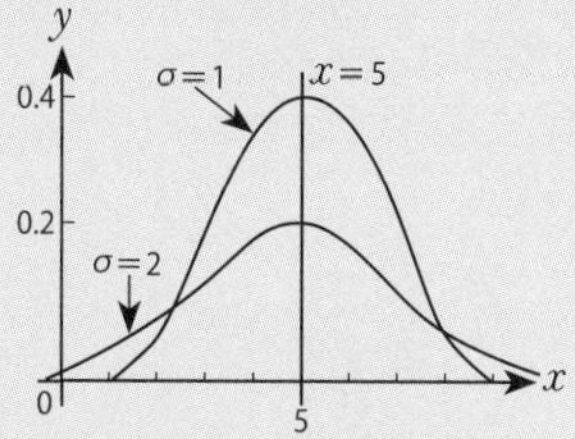

①$x=m$ (5) に関して対称。
　y は $x=m$ (5) のときに最大

②曲線の山はσ(シグマ)が大きいと低くヨコに広がる

③x 軸を漸近線とする

$y=f(x)$ の性質は次の3つ

①$f(x) \geqq 0$

②x が $a \leqq x \leqq b$ なら
　$p(a \leqq x \leqq b) = \int_a^b f(x)dx$

③曲線 $y=f(x)$ と x 軸の間の面積は1

x を「連続型確率変数」、$f(x)$ を「確率密度関数」、グラフを「分布曲線」といいます。

推測統計で重要な「母集団」と「標本」

推測統計では欠かすことのできない「母集団」と「標本」について説明します。

A市の1万人の中学3年生の英語の学力を調べたいと思うとき、全数調査と標本調査の2つの方法があります。500人だけテストを受け、その標本の平均や分散、標準偏差を調べ、散らばり具合の分布を精査すると、かなり高い確率で1万人の学力分布が「推測」できます。**これが推測統計といわれている調査で、第6章でも紹介する「選挙速報」などで活用されています。**

標本は500人なので得られたデータを20倍すれば1万人を対象にした数字に近づかせることができます。

このように対象とする母集団全体の中から一部分を抜き出して調べる調査を「標本調査（サンプル調査）」といいます。【図A】はイメージ図です。

母集団に属する個々のデータを個体、個体の総数を母集団の大きさといいます。標本に含まれる個体の個数を標本の大きさといいます。標本調査の目的は母集団の性質を推測することです。このとき、前回出てきた「正規分布」が活躍します。最終的には標本の値を用いて、母集団の母平均を推定し、全体の性質を推測します。

母集団から標本を抽出するときには、その選び方が大切です。

A市の中学3年生の場合、1万人という数字から中学校が多いことがわかります。、各学校で学力差があることが予想できます。そのため抽出するときには一部の学校に標本が集中しないようにします。**この抽出法を「無作為抽出法」といい、それによって抽出された標本を「無作為標本」といいます。**

【図A】

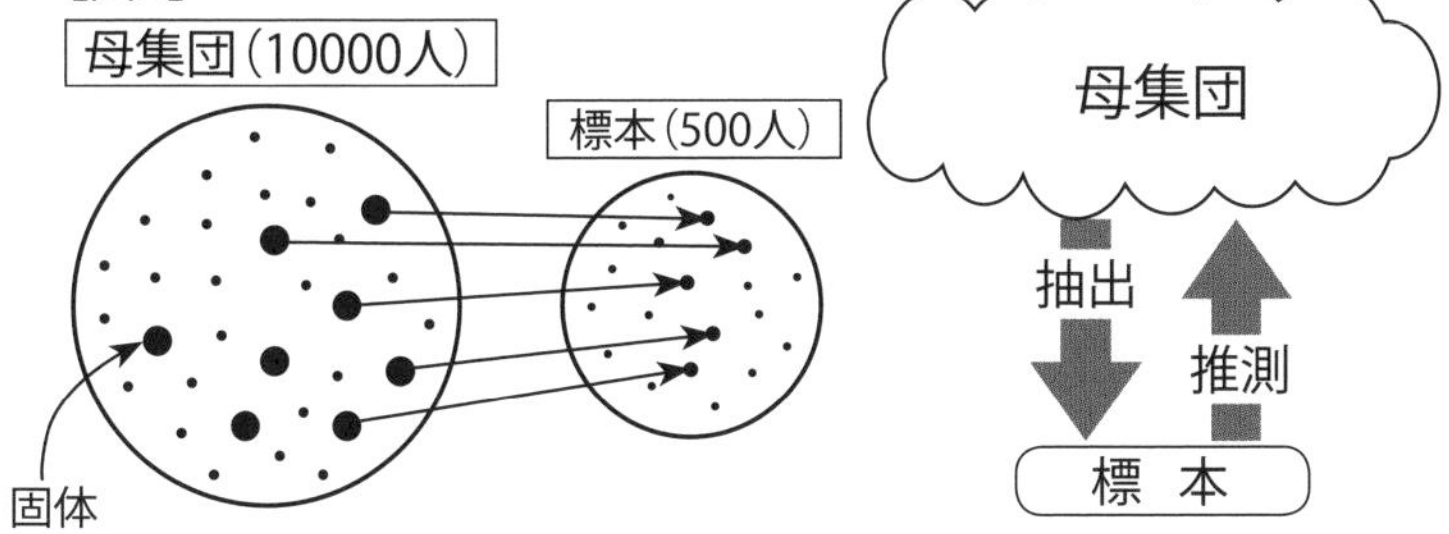
母集団（10000人）
標本（500人）
固体
母集団
抽出
推測
標　本

標本は母集団から公平に選び出さなければなりません

この抽出方法を無作為抽出法といいます

母集団から無作為に抽出した標本から母集団を推測することが可能になることは統計学にとって重要なことなのです！

推測統計学

＝

日常生活で役立つデータを調査するのに活用されている

テレビの視聴率　降水確率　選挙速報　世論調査

どらま

投票

母集団から公平に無作為に選び出された一部の標本を精査することにより、ある程度正しい全体の姿を見出すことのできる推測統計学は、日常生活にとって重要です！

みそ汁の味見と統計学は似ている

みそ汁を作るとき、その味加減を調べる際に「味見をする」と思います。このみそ汁の味見をする行為と統計学は考え方が似ているのです。

14と102ページでは、「母集団」と「標本」を学びました。**「母集団」にあたるのが鍋全体のみそ汁のことであり、「標本」が味見をするときにすくったスプーン1杯のみそ汁と考えることができます。ほぼ均一にみそが混ざっていれば、スプーン1杯でも全体の味は想像できます。**算数の教科書に出てくる濃度と考え方がよく似ています。統計学には「記述統計学」と「推測統計学」があることを知りました。「記述統計学」の考え方は「母集団＝標本」ですから、みそ汁にたとえるならば、鍋全体の味を調べることになります。

みそ汁すべてを飲み干してから、味を判別する手法です。「推計統計学」は母集団から標本を取り出して全体の姿を推測する考え方ですから、こちらはスプーン1杯の味見をして全体の味を判別する手法です。このみそ汁の味見という考え方、すなわち「推測統計学」は日常生活のいたるところに見られます。

統計においては全体像を正確にとらえるために、母集団から抽出する標本には偏りがあってはいけません。

「母集団」から偏ることなくアトランダムに抽出した「標本」を調査することにより、「母集団」すべてを調査しなくても全体像が推測できることは、みそ汁の味見をイメージすれば理解できるかと思います。

統計学とみそ汁の味見の関係を理解できれば、母集団から一部だけ抽出した標本でも、全体の姿をとらえることが可能になることは十分理解できるのではないでしょうか。

第6章では、統計学とみそ汁の味見の関係から全体像を探る、「テレビの視聴率」や「降水確率」「選挙速報」など日常生活と密着している統計の姿を紹介します。

統計学はあまり生活には関係ない学問と思われがちですが、じつは毎日のようにその恩恵を受けているのです。

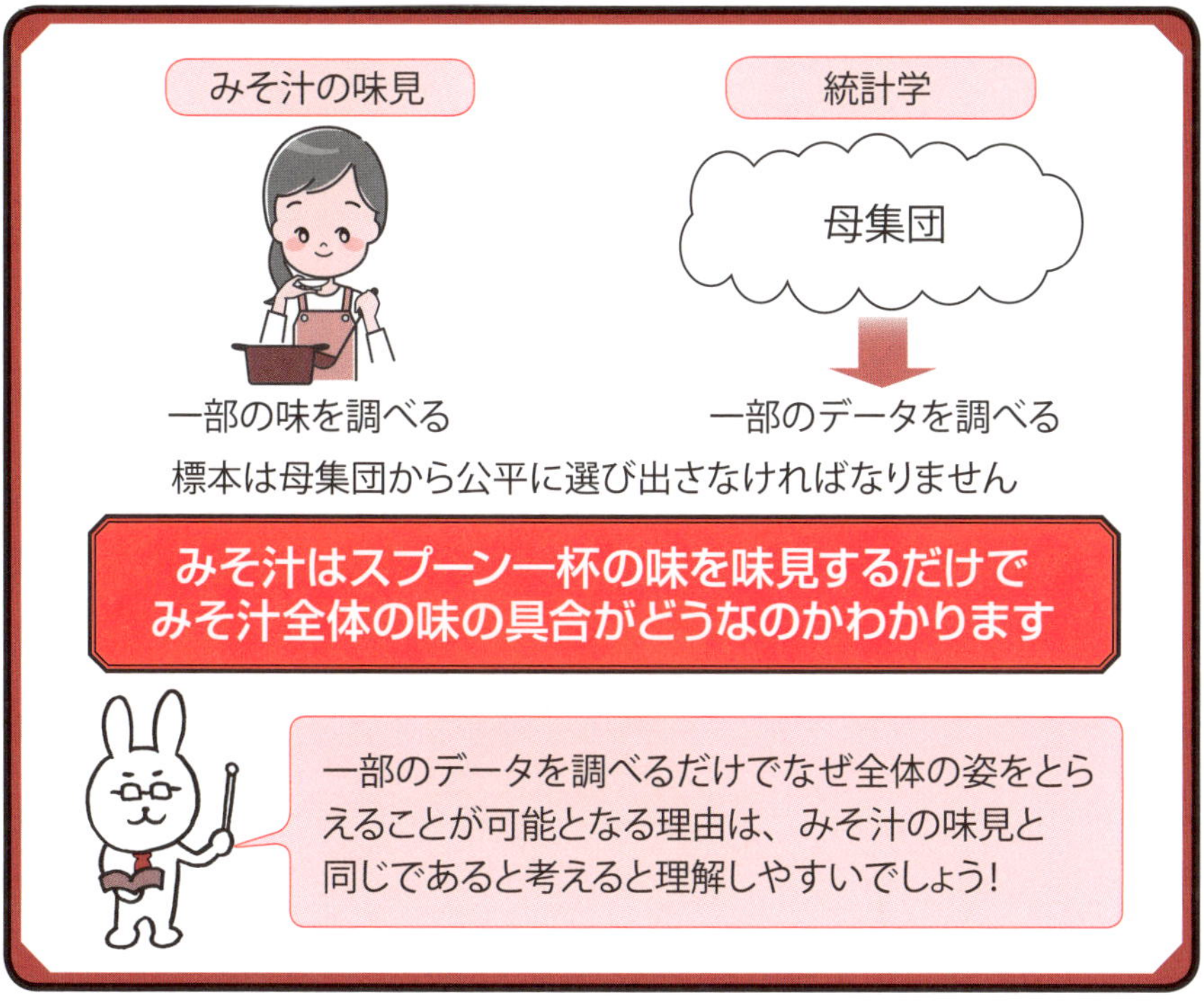
みそ汁の味見
統計学
母集団
一部の味を調べる
一部のデータを調べる
標本は母集団から公平に選び出さなければなりません
みそ汁はスプーン一杯の味を味見するだけで
みそ汁全体の味の具合がどうなのかわかります
一部のデータを調べるだけでなぜ全体の姿をとらえることが可能となる理由は、みそ汁の味見と同じであると考えると理解しやすいでしょう！

Column
⑥

日常生活を統計の数字から眺めてみる…②

日常生活に特に関係がある情報として、統計局が毎月実施している「労働力調査」「家計調査」「小売物価統計調査」があります。これらの統計データから「完全失業率」「家計収支」「消費者物価指数」などがわかります。雇用・消費・物価の最新の日本の姿を導き出すために活用されているのです。「消費者物価指数」は商品の価格が下がり続け、景気が下落傾向にあるデフレ社会の現状から、回復しているかどうかを調べる重要な指標となっています。 平成から令和の時代を迎え、生活用品をはじめとする物価がやや上昇していますが、それがどの程度なのかを正しく知るために必要なのが統計です。最近、科学の世界でよく使われている「エビデンス」は、統計から得たデータが主流となっています。

商品が売れないと価格を下げなければなりません。企業は収益が減少するので労働生産性を上げることや人件費（給料）を抑えることを考えます。給料が上がらなければ、人々は消費を控えるため、さらに商品の価格を下げることになります。デフレスパイラルから脱却しているかどうか、今の現状を見極める統計データが「消費者物価指数」なのです。統計データはこのように私たちの日常生活や政治と密着しています。

第6章

活用 日常生活と密着している統計学

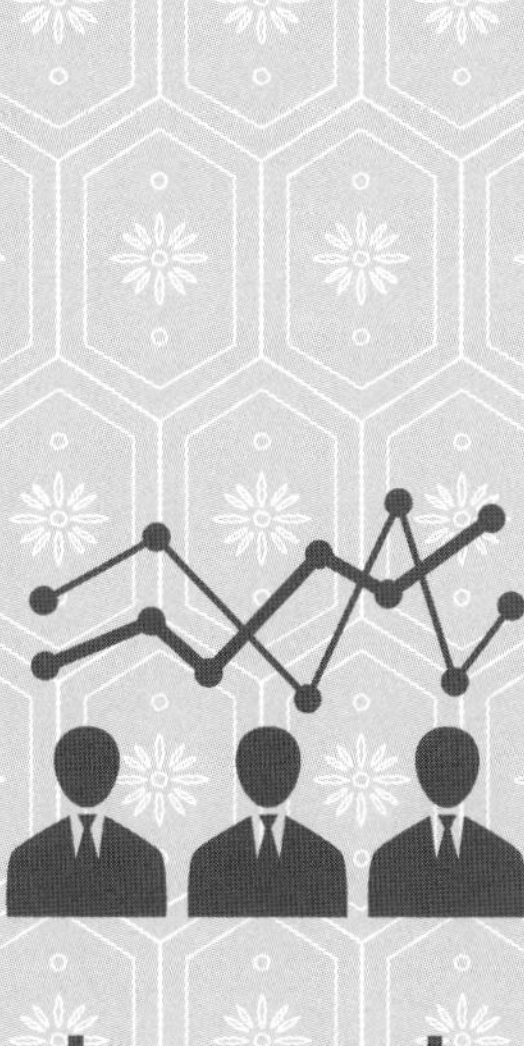

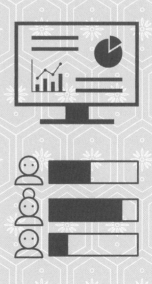

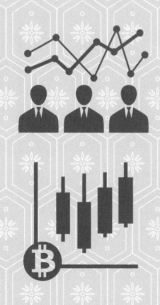

テレビの視聴率ってどのように算出されているの？

テレビの視聴率はいったいどのように調査されているのでしょうか。日テレ広告ガイドのホームページによると、日本の放送エリアは現在32地区あり、それぞれのエリアごとに調査をしています。**地区ごとに調査世帯数は異なり、関東地区では900世帯、関西地区、名古屋地区は600世帯、その他の地区では200世帯から調査をしています。**

関東地区での世帯数はおよそ1800万世帯程度です。その中で調査の対象になっているサンプル数は900世帯ですから、その割合は約0・005％程度なのです。

視聴率調査は統計理論に基づいた標本調査で算出され、統計上では誤差が生じます。そのためその誤差を考えなければなりません。前出のホームページによると、正規分布は【図A】のようになり、信頼区間は95％です。標本誤差は、$\pm 2\sqrt{\frac{世帯視聴率(100-世帯視聴率)}{標本数}}$ で求めることができます。関東地区の900世帯からの調査のデータから算出された視聴率が10％の場合、誤差は2.4％ということになります。この誤差は調査対象の世帯数を増やせば改善することは可能です。このように統計学の考え方をうまく活用すれば、0・005％程度の標本から全体の姿を予測することが可能となるのです。

現在ではリアルタイムで視聴する人に加え、録画して番組を楽しんでいる人も増えています。

視聴率とはリアルタイムで視聴している割合を示す数値ですが、その数値に録画などで時間をずらして視聴しているデータを加え、ダブった数値を引いたものを「総合視聴率」と呼ぶようにしています。

視聴率の算出方法

関東地区	関西・名古屋地区	その他の地区
900世帯	600世帯	200世帯

世帯単位で視聴率は調査されます

【図A】900世帯での誤差

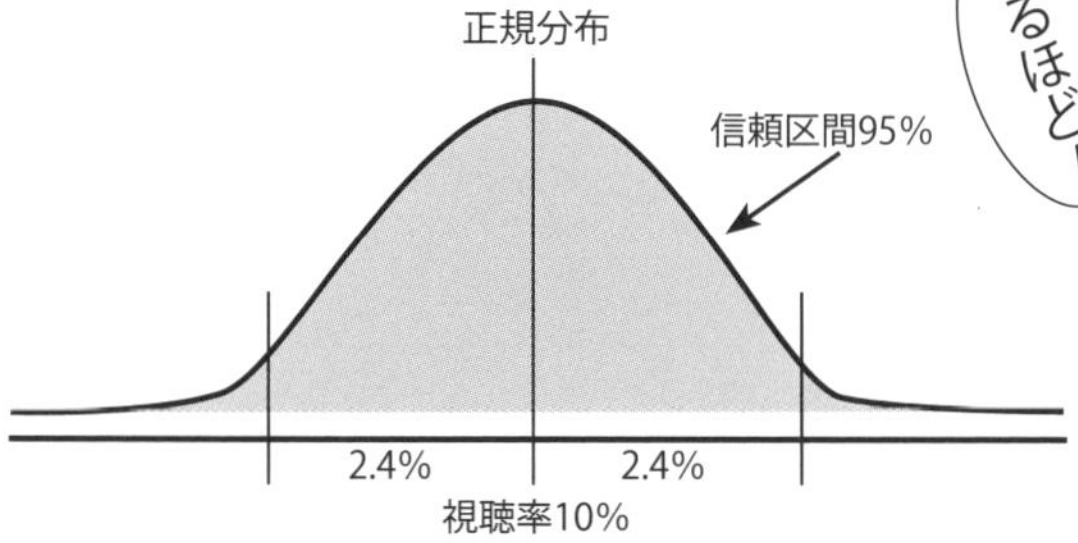
正規分布
信頼区間95%
2.4%
2.4%
視聴率10%

なるほど！

◆在京局歴代最高視聴率（関東地区）

放送局	番組名	放送日	視聴率
NHK	第14回NHK紅白歌合戦	1963（昭和38）年12月31日	81.4%
日本テレビ	日本プロレス中継（力道山VSデストロイヤー）	1963（昭和38）年5月24日	64.0%
テレビ朝日	2006年FIFAワールドカップ 日本VSクロアチア	2006（平成18）年6月18日	52.7%
TBS	2010年FIFAワールドカップ 日本VSパラグアイ	2010（平成22）年6月29日	57.3%
テレビ東京	アジア地区最終予選（ドーハの悲劇）	1993（平成5）年10月28日	48.1%
フジテレビ	2002年FIFAワールドカップ 日本VSロシア	2002（平成14）年6月9日	66.1%

ひとくちメモ

全国ネットで視聴率10%といわれると、国民の約10%、約1300万人の人たちが視聴していると思われがちですが、視聴率は世帯数で計算しているために、視聴人数を割り出すのは難しいです。

降水確率20％でもなぜ雨が降るのか？

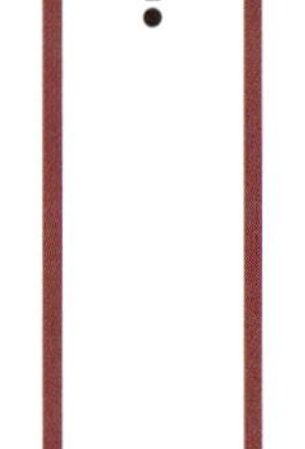

日常生活で毎日のように耳にする降水確率とは、いったいどのようなものなのでしょうか。**降水確率とは特定の地域で特定の時間帯に、１ミリ以上の雨または雪が降る確率のことをいいます。**０～１００％まで10％刻みで発表され、記録によると、１９８０年頃には５％未満という数値も発表されていたといいます。

降水確率20％のときに降る雨の量が、降水確率50％のときより多いといったケースもあり、降水確率は降水量とは関係ありません。つまり降水確率が１００％だからといって大雨が降るわけではなく、反対に降水確率が50％でも大雨になることがあるのです。

では降水確率が20％にもかかわらず雨が降ったり、降水率が50％を超えていても雨が降らなかったりするのはどうしてでしょうか。それは気温や雲の状態など、現状の天気図と類似している過去のデータから、どの程度の確率で雨や雪が降るかを分析し、それを数値化して予想しているからです。降水確率80％といっても必ず雨が降るわけではなく、また、降水確率20％でも雨が降ることはあるのです。しかし、降水確率20％の予報のときに雨が降ると、当然分析データは更新され、次々とデータが多くなり年々その精度は高まっていきます。

ここでひとつ注意したい点があります。降水確率０％でも、雨が降る可能性があるということです。前述のように、以前は降水確率５％未満という発表方法がありましたが現在はありません。**降水確率５％未満のときは、システム上降水確率が０％と発表しているので、本当の意味での０％ではなく、雨が降ることもあるのです。**

ひとくちメモ

降水確率予報は1980年に東京が最初であるといわれています。その後、1982年には全国で導入されていきました。降水量の予測は「雨量予報」として発表されています。

開票1分でも当選確実はどうして出せるの？

選挙速報で、投票締め切り時間からわずか1分、なかには数秒で「当選確実」のニュースが出ますが、ほとんど開票していないにもかかわらず、「当選確実」が出るのはどうしてでしょうか。

それには統計の手法が使われています。**統計調査にはすべてを調べる「全数調査」と一部を抜き取って調べる「標本調査」（サンプル調査）というものがありました。**選挙では、すべての開票が終了した結果が「全数調査」となり、調査対象（有権者）の一部の結果を調べ、そこから全体像を推測するのが「標本調査」ということになります。「当選確実」はその「標本調査」から求められる結果なのです。

調査対象を母集団（全体票）からランダムに取り出して調べるだけで、母集団（全体像）を推測することが可能なのです（102ページ参照）。

開票速報には、投票前に投票活動を調査する、事前調査によるデータも加味されています。

また選挙では出口調査が、調査の重要なポイントになっています。実際に投票した有権者を直接調査したデータです。日本では1992（平成3）年の参議院選挙から本格的な出口調査が開始されました。

統計学では1万人の投票動向を調べるのに96人を調査すれば全体の動向は把握できるとされています。1％弱の調査で、ある程度の全体像が見えてくるのです。

開票1分でも当選確実を予測できる理由は、統計学の手法を用いて標本調査から見えてくる全体像を、事前調査と出口調査のデータから分析し、実際の開票動向からいち早く「当選確実」の結果を出すことができるからなのです。

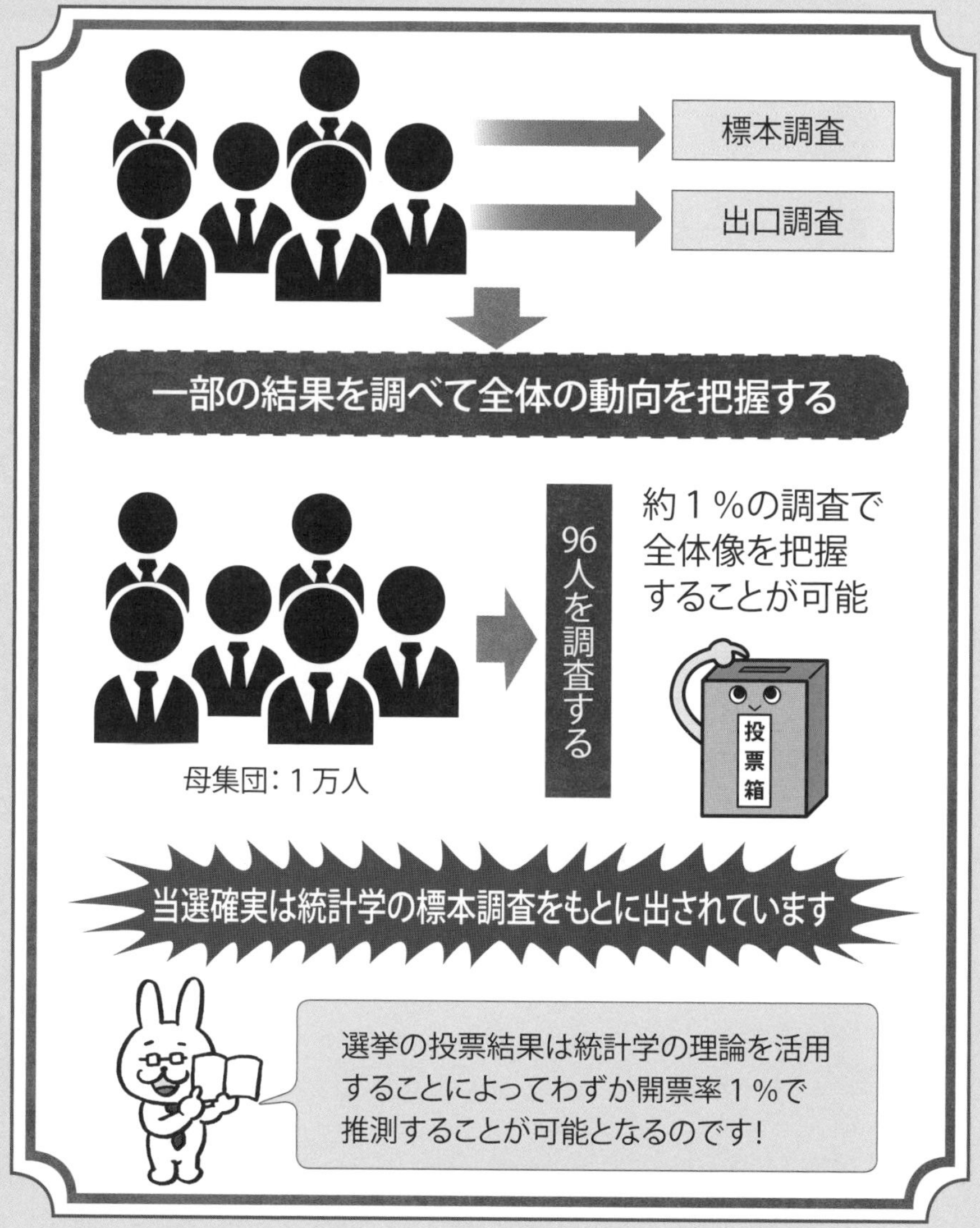
標本調査
出口調査
一部の結果を調べて全体の動向を把握する
96人を調査する
約1％の調査で
全体像を把握
することが可能
投票箱
母集団：1万人
当選確実は統計学の標本調査をもとに出されています
選挙の投票結果は統計学の理論を活用
することによってわずか開票率1％で
推測することが可能となるのです！

ひとくちメモ

マスコミ機関などが実施している選挙の出口調査の結果は、有権者の投票行動が変わることを防止するため、投票締め切り時刻丁度かそれを過ぎてから発表されることが基本となっています。

世論調査が行われる手順とその分析方法

世論調査とは、内閣府のホームページによると「政府の施策に関する皆様の意識を把握するため、世論調査を実施しています。調査は、全国から統計的に選ばれた数千人の方々を対象に、調査員が訪問して面接によって行っています」と書かれています。つまり**母集団からアトランダムに抽出したデータから全体の動向を調査しているのです。**すなわち、ここにも統計学が利用されているのです。しかしアトランダムといっても、偏《かたよ》った対象者を相手に調査をしていては意味がありません。

たとえば、飲酒をするかどうかの割合を調べる調査を繁華街だけでしたとします。繁華街に来る人の多くはお酒を飲む確率がもともと高いものです。この調査が飲酒率80%を超えるような結果が出たとしても、それは正確な統計データとはいえません。なぜなら調査対象者、すなわち標本に偏りがあるからです。調査対象には偏りがあってはいけないので、無策為抽出をします。

これは、母集団のすべての要素を対象として、無作為に抽出する方法です。無作為抽出の最も基本的な方法は「単純無作為抽出法」といいます（【図A】参照）。最初の調査対象を無作為に選び、2番目以降は一定の間隔で抽出する「系統抽出法」があります（【図B】参照）。また、母集団をあらかじめいくつかのグループに分け、それぞれのグループから単純無作為抽出をする「層化抽出法」があります。

世論調査では、都道府県や自治体別に分け、それぞれのグループからデータを集めて分析する手法を採用しています。なお民間の世論調査は、郵送や電話という手法をとることが多いといわれています。

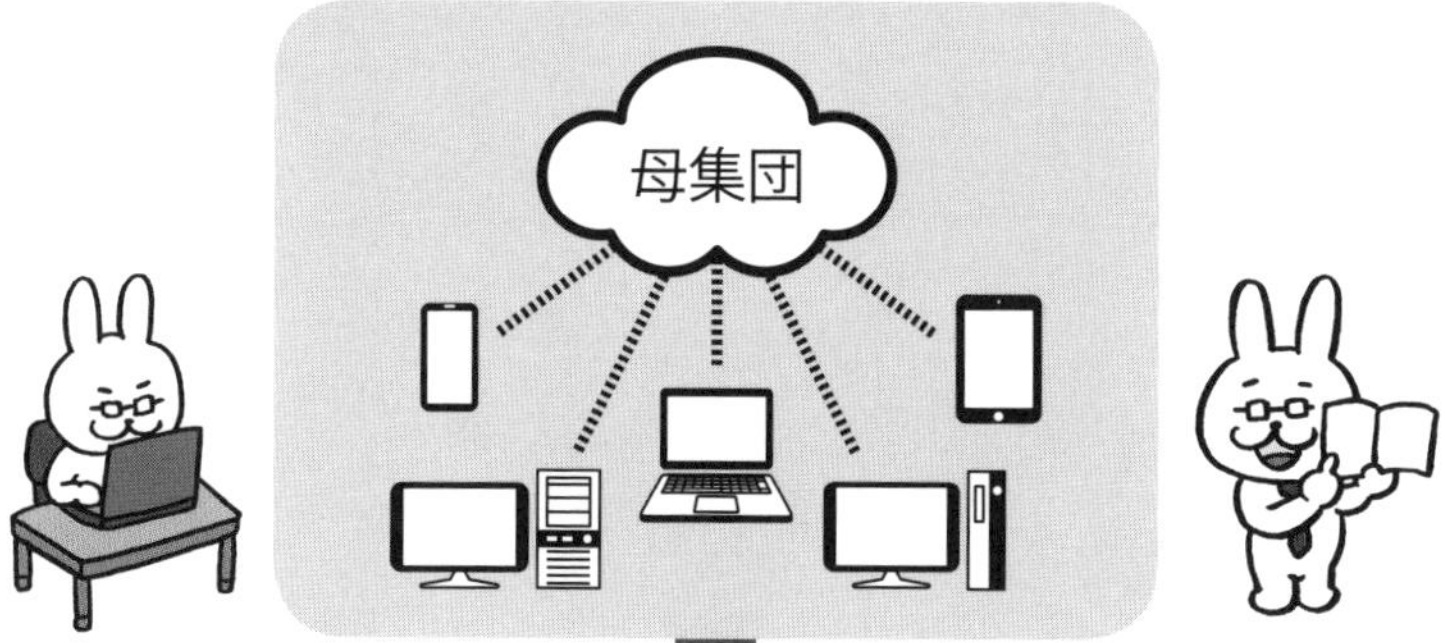
母集団

世論調査は母集団からアトランダムにデータ（個体）抽出して調査する

【図Ａ】単純無作為抽出法

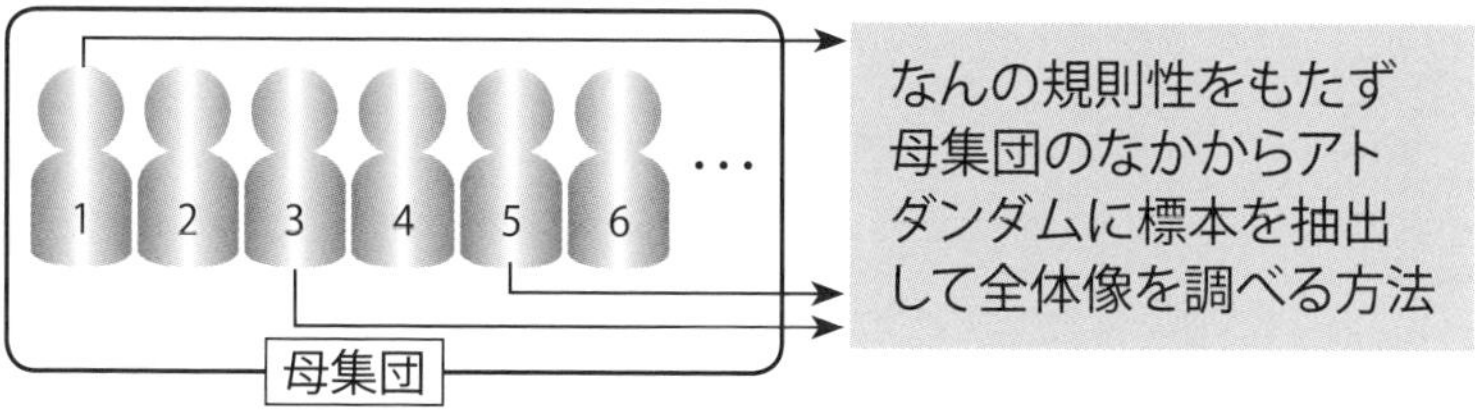
1
2
3
4
5
6
…
母集団
なんの規則性をもたず母集団のなかからアトダンダムに標本を抽出して全体像を調べる方法

【図B】系統抽出法

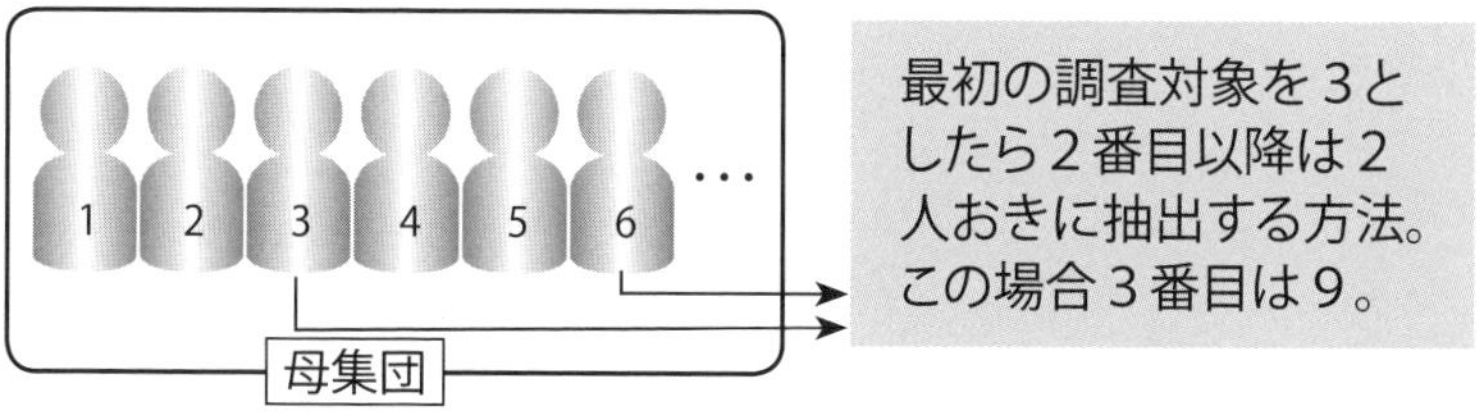
1
2
3
4
5
6
…
母集団
最初の調査対象を３としたら２番目以降は２人おきに抽出する方法。この場合３番目は９。

ひとくちメモ

世論調査のひとつに「内閣支持率」があります。内閣支持率は上下します。平成の時代で最低の支持率を記録したのが森内閣で７～９％、最高の支持率が小泉内閣で約 80％超です。

POSデータから売れ筋商品を統計的に分析する

POSデータという言葉を聞いたことはありませんか。**POSデータとは、Point-of-Sales（ポイント・オブ・セールス）」の略で、コンビニエンスストアやスーパーなどで買い物をした消費者が、何歳くらいなのか、どんな物を買ったかといった、その商品の購入データなどのことをいいます。**

POSデータには「いつ」「誰が」「いくつ」「何が」売れたかなどの販売データが蓄積され、そのデータを分析することにより、商品の仕入れや売上予測などを、効率よく実施することが可能となるのです。コンビニなどはそのデータに気温や天気なども加味し、店頭に並ぶお弁当などの種類や量なども予測し販売しています。春先に、25度を超えるような気温が予測される場合には、当然、温かい商品より冷たい商品が売れる傾向があると考えられます。それに通常時のPOSデータを加え、販売戦略を立てていくのです。

また、ネットショップなどを使っていると、「あなたにお勧めの商品はコレです」といった表示が出ることがあると思います。これも、今までのあなた自身の購買活動を分析し、それと同じような顧客の購買活動を照らし合わせて、お勧めの商品を提示してくるのです。

ビールを買った人の多くがピーナッツを買っているというデータが蓄積されていれば、ビールを買っただけで「お勧めの商品はピーナッツです」といった宣伝をします。

POSデータ管理により、効率よい販売戦略を立てることは、仕入れだけではなく人員配置などにも活用でき、商品のロスを防ぐだけでなく人件費の削減にもつながります。このようにPOSデータは、私たちの生活に密着しているのです。

POSデータのしくみ

いつ　誰が　いくつ　何が

販売データを蓄積して統計的に全体像をとらえる

商品をどの程度の量を仕入れるとよいか、また商品はどの程度の売り上げが見込めるかがわかる

ピーナッツを買う

枝豆を買う

缶酎ハイを買う

ポテトチップスを買う

何を一緒に購入する傾向があるかがわかる

POSデータは効率よく売り上げを伸ばすために商品を管理することや人員配置にも活用できる重要なデータなのです！

ひとくちメモ

ハッキング被害などによる個人情報の流出について、自分のメールアドレスが該当するか確認するサービスを、Firefox が始めました。「Firefox Monitor」とは便利なサービスです。

馬券と宝くじではどちらが儲かる可能性が高いか!?

統計学的にみて、単純に馬券と宝くじはどちらが儲かる可能性が高いかを考えてみましょう。**確率論における「期待値」という考え方が重要になってきます。**期待値とはいったいどんな数字なのでしょうか。サイコロを振って、その目に応じて賞金がもらえるゲームがあるとします。目によってもらえる金額は【図A】のようなものとします。このゲームの期待値は、20×1/6＋50×1/6＋100×1/6＋100×1/6＋150×1/6＋150×1/6＝95となります。参加費が100円とすると、このゲームは1回あたり5円ずつ負ける計算になります。

これは、確率論・統計学における基本定理のひとつである「大数《たいすう》の法則」からも証明されています。**「大数の法則」とは、コイン投げのように表が出る確率が1/2と決まっているとき、投げる回数が増えれば増えるほど、表が出る確率は1/2に近づいていくという法則です。**サイコロを振ったとき、それぞれの目が出る確率は1/6のため、さきほどのようなゲームの期待値が求められるのです。

宝くじは全体の売り上げの約48％程度が賞金に充てられています。期待値は1枚100円の宝くじなら48円、年末ジャンボ宝くじのように1枚300円の宝くじなら、期待値は144円となります。馬券の場合は、払戻金に充てられる割合は平均75％です（馬券の種類によって多少異なる）。馬券の最低単位は100円ですから期待値は75円ということになります（地方競馬では50円単位もあり）。投資100に対して期待値が100未満の賭け事は、長く続けると最終的に負けることになりそうです。

【図A】

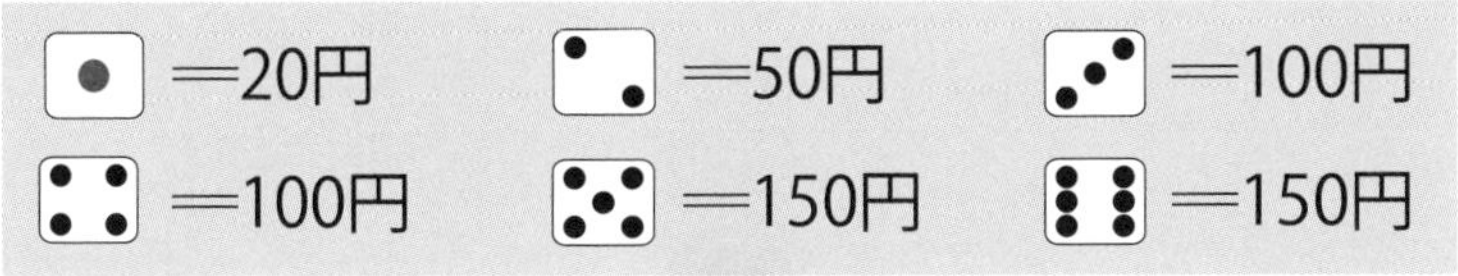
＝20円
＝50円
＝100円
＝100円
＝150円
＝150円

$$20\times\frac{1}{6}+50\times\frac{1}{6}+100\times\frac{1}{6}+100\times\frac{1}{6}+150\times\frac{1}{6}+150\times\frac{1}{6}=95$$

期待値95円

参加費が100円と仮定すると、このゲームは
1回あたり100－95で5円ずつ負ける計算です

コインを投げ続け表がでる確率を求める

表 ウラ ウラ 表 表 表 ウラ ウラ …

表が出る確率が投げ続けていくほどに $\frac{1}{2}$ に近づいていく

＝

大数の法則

ギャンブルにおいて掛け金に対して
戻る金額の期待値とは、戻ってくる
「見込み」の金額のことです！

ひとくちメモ

経済や金融、選挙速報、保険などにおいて「大数の法則」の考え方は重要であり活用されています。統計学の基本定理のひとつである「大数の法則」は日常生活に溶け込んでいます。

ベイズ統計学は予測の学問…その①

トーマス・ベイズ（63ページ参照）の考え方は、他の統計学者とは異なる特殊な理論を論じています。統計とは母集団から標本を抽出し、その標本の分析結果から母集団全体の姿を導き出していきます。しかしベイズの考え方は標本を細かく分析することなく、目的の姿を導き出していくのです。

ベイズの考え方は、**新しい知識や経験が吸収されると、人間の脳のように今までの知識や経験を修正し、新しい考え方をもつようになる点と似ています。**その考え方をもとに人間は様々な行動を起こすのですが、さらに新しい知識や経験を吸収すると、再度知識や経験は修正されていきます。

最近よく耳にする「AI」の考え方もベイズ統計学が基盤となっているといってもいいでしょう。将棋や囲碁の世界では、「AI」の分析データが人間の脳を上回るケースも見られています。今までの対戦から多くのデータ、いわゆるビッグデータを解析し、確率的に次の一手はどうするのが一番有効なのかを瞬時に計算して判断を下していきます。

マーケティングの世界でもベイズ統計学は活用されています。どの年代がどのような購買活動をしているのか、そのデータからどんな商品が好まれるかを導き出し、新商品開発をしているのです（40ページ参照）。ベイズの統計理論は他の統計学者の考え方と異なっていたため、発表当時は認められませんでした。ベイズ統計学は人々から認められるようになってから、約50年という歴史しかありません。しかし今の世の中、様々なところで、このベイズ統計学の考え方は使われているのです。ちなみに、ベイズ統計学を支持する人たちを「ベイジアン」と呼んでいます。

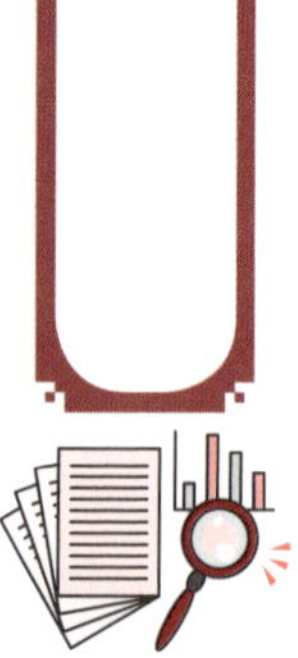

ベイズの考え方

現在の統計データ → 未来を予測する

標本を分析

標本を細かく分析することなく目的を導き出していく

囲碁・将棋

多くの
対戦データを
蓄積していく

→

次の一手は何が
一番有効なのか
を導き出す!

AI

ベイズ統計学

人工知能の開発

現代社会においてベイズ統計学は重要な要素となっています!

ベイズ統計学とは与えられたデータを
不変なものとしてとらえ、そこから変化する
母集団の姿を推測していく考え方です!

ひとくちメモ

現在「ベイズの定理」として知られているもののなかには、フランスの数学者であるラプラスが体系化したものが多々あり、そのため「ベイズ理論」はラプラスに端を発するという見方も強いのです。

ベイズ統計学は予測の学問…その②

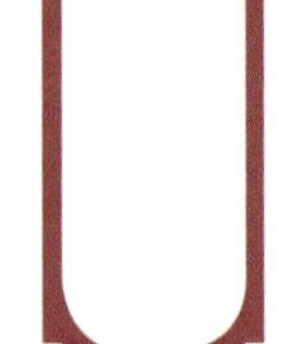

ベイズ統計学が活用されている代表的なものに、迷惑メールのフィルタリングがあげられます。

迷惑メールとは見ず知らずの人から一方的に、無差別に送信されてくるメールのことです。このようなメールを自動的に判別し、それを振り分けていきます。まれに知人からのメールが迷惑メールに振り分けられることがあっても、その正確性は見事なものです。

過去の迷惑メールに使用されている文章などを分析し、それを数値化し基準値を超えたものを迷惑メールと判別して振り分けているのです。

ある人とじゃんけんをするとき、「勝ち」「負け」「引き分け」の3つのパターンしかないので、勝つ確率は$\frac{1}{3}$ということになります。この$\frac{1}{3}$という確率が通常の統計学の考え方なのです。ベイズ統計学では、実際にその友人と何度かじゃんけんをし、その結果を分析し、次にじゃんけんをするときに、どれくらいの確率で勝つことができるかを数値化する考え方をします。何度かじゃんけんを繰り返した結果、その人はパーを出す頻度が高いと判断した場合、チョキを出せば勝てる可能性が高いため、勝つ確率は$\frac{1}{3}$を超えるという考えです。ベイズはこのようにケースごとに柔軟な発想をもち、起こりえる確率を計算していく手法をとったのです。

テレビで降水確率が20%といわれていたにも関わらず、いざ外に出てみると空いっぱいに黒い雲が広がっていたので、傘をもって出かけたことはないでしょうか。この行為は、事前の確率は20%にも関わらず、雲の出現により降水確率が自分の脳の中で修正されたので、傘をもっていく選択をしたのです。

迷惑メールに使用されている文章を分析

文章を分析しその結果メールを仕分ける

迷惑メールのフィルタリングがベイズ統計を活用しています

何度かじゃんけんをする ＋ じゃんけんの結果を分析する → 何を出せば勝つ確率が高いかを求める

ベイズ統計学 ― **未来を予測する**

統計データが不十分でも確率を導き出すことができる

ベイズ統計の考え方は迷惑メールの仕分けなどコンピュータの機能や経済学、心理学、AIの開発など多岐に渡って活用されているのです！

ひとくちメモ

提唱者であるトーマス・ベイズの死後、約100年以上歳月が経過してから、ベイズ統計学はイギリスの数学者であるフランク・ラムゼイ によって提唱され、現在に至っているのです。

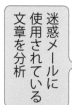

人に話したくなる統計学7

ベイズ統計学を応用すればギャンブルで勝てる？

「ベイズ統計学」は実際に存在する確率をもとに、これから起こりうる確率を推測する考え方であり、新たなデータを加えることにより、さらに推測される確率の精度を高めていきます。

このベイズの考え方を応用すれば、投資100に対し、期待値が100を超えていない、いわゆる〝長くやれば負ける〟というギャンブルの世界において、勝ち続けることも夢ではないのです。

例えば競馬の世界には万馬券というものがあります。万馬券には大きく分けて3つのパターンがあります。

1つ目が「データ上狙える万馬券」、2つ目が「人気馬が負けた万馬券」、3つ目が「想定外の万馬券」です。

このパターンの中で、「データ上狙える万馬券」だけに絞りその確率を見いだし、それをもとに推測される確率を想定すれば、効率よく万馬券を的中させることができると考えることが可能です。

データを分析する重要性が高まってきている情報化社会で、ベイズの考え方は多岐に渡り活用されています。

ベイズ統計学はこれから起こりえる現象を、過去のデータから推測できるという特徴があります。「大数の法則」の考え方からすれば、期待値が100を超えていない競馬の世界においては、何も考えずに長く馬券を買い続けるとマイナス、すなわち負けることになります。しかし現実に馬券の世界で勝ち続けている人は存在します。

メディアで話題になった、馬券裁判にまで発展した大阪府の男性の話は有名です。トータル約28億円の馬券を購入し、約1億5千万円の利益を得たのです。彼は、**独自の手法で競馬の世界で勝つことを現実なものにしたのです。** 過去のデータを分析し、これから起こりえる現象を推測したのでしょう。これは「ベイズ理論」の考え方を応用した馬券購入法だったのではないでしょうか。

レース結果

万馬券になっているレース	万馬券になっていないレース
（このデータだけ母集団にする）	（データからは除外する）

万馬券のレース

ベイズ統計学

過去の結果から条件を分析する → これから起きる結果を予測する

過去のデータから未来を予測することができるベイズ統計学の考え方を活用すれば、ギャンブルの世界で勝利する方策を見いだすことができるかもしれません！

Column ⑦

ビッグマック指数から経済の姿が見えてくる

イギリスの経済専門誌『エコノミスト』によって1986年９月に考案されて以来、同誌で毎年報告されている指数が「ビッグマック指数」です。マクドナルドで発売されているビッグマックは、多くの世界でほぼ同一品質（実際には各国で多少異なる）のものが販売され、原材料費や店舗の光熱費、店員の労働賃金など、様々な要素をもとにして、その価格が決められています、そのためビッグマックが発売されている世界の国々の購買力の比較に役立っています。

日本でビッグマックが300円、アメリカで３ドルで売られているとしましょう。300円÷3ドル＝100円となり、1ドル =100円がビッグマック指数となります。もしこの時点で、為替レートが 1ドル 110円だとすると、為替相場はビッグマック指数に比べて円安であり、この後、100円に向けて円高が進むだろう、などと推理することができます。また各都市で、１個のビッグマックを購入するのに必要な労働時間を算出することにより、各都市の物価に比例した賃金水準を推測することが可能となります。

参考文献

マンガでわかる統計学（大山丈彦著／SBクリエイティブ）
マンガでわかるやさしい統計学（小林克彦監修／池田書店）
マンガでわかる統計学入門（滝川好夫著／新星出版社）
眠れなくなるほど面白い 図解 数と数式の話（小宮山博仁監修／日本文芸社）
眠れなくなるほど面白い 図解 確率の話（野口哲典著／日本文芸社）
眠れなくなるほど面白い 図解 経済の話（神樹兵輔著／日本文芸社）
生活に役立つ 高校数学（佐竹武文監修／日本文芸社）
ディートンの経済理論（大谷清文編著／徳間書店）
統計の基本（ニュートンプレス）
確率の基本（ニュートンプレス）
役に立つ心理学のはなし（ニュートンプレス）
統計学がわかる（向後千春・冨永敦子著／技術評論社）
少しかしこくなれる 確率・統計の話（横山明日希監修／笠倉出版社）
少しかしこくなれる 数式の話（笠倉出版社）
データ分析に必要な統計の教科書（羽山博著／インプレス）
完全独習 統計学入門（小島寛之著／ダイヤモンド社）
1冊でマスター 大学の統計学（石井俊全著／技術評論社）
やさしくわかる統計学のための数学（ノマド・ワークス著／ナツメ社）
図解 統計学超入門（高橋洋一著／あさ出版）
統計学が最強の学問である（西内啓著／ ダイヤモンド社）
心理学のための統計学入門（川端一光・荘島 宏二郎／誠信書房）
「統計」の読み方・考え方（神林博史著／ミネルヴァ書房）
文系でもわかる統計分析（須藤康介・古市憲寿・本田由紀著／朝日新聞出版）
数学Ⅰ、数学B（東京書籍）
日本のすがた2019（矢野恒太郎記念会）

●WEB関連　各項目関連サイト　Wikipedia・他

【監修者略歴】

小宮山博仁（こみやま　ひろひと）

1949年生まれ。教育評論家。放送大学非常勤講師。日本教育社会学会会員。47年程前に塾を設立。2005年より学研グループの学研メソッドで中学受験塾を運営。教育書及び学習参考書を多数執筆。最近は活用型学力やPISAなど学力に関した教員向け、保護者向けの著書、論文を執筆。

著書：『塾――学校スリム化時代を前に』（岩波書店・2000年）、『面白いほどよくわかる数学』（日本文芸社・2004年）、『子どもの「底力」が育つ塾選び』（平凡社新書・2006年）、『「活用型学力」を育てる本』（ぎょうせい・2014年）、『はじめてのアクティブラーニング社会の？〈はてな〉を探検』全3巻（童心社・2016年）『眠れなくなるほど面白い　図解　数学の定理』『眠れなくなるほど面白い　図解　数と数式の話』（監修/日本文芸社・2018年）『大人に役立つ算数』（角川ソフィア文庫・2019年）など。

小論：「教育改革の論争点：予備校・進学塾の指導方法の採用」（教育開発研究所・2004年）「ドリル的な学習は算数の学力を育てるか」（金子書房・児童心理・2009年2月）「文章問題・記述式問題が不得意な子どもにどうかかわるか」（金子書房・児童心理・2009年12月）、「活用型学力のすべて・活用型学力と向き合う」（ぎょうせい・2009年）、『「10歳の壁」プロジェクト報告書：10歳の壁を超えるには（算数を中心に）』（NHKエデュケーショナル・2010年）、「学校外の子どもの今①～④」（金子書房・児童心理・2013年9月～12月）、「管理職課題解決実践シリーズ2」9章PISAにみる活用型学力とその育み方（ぎょうせい・2015年）、「新教育課程ライブラリ vol.5」<受験のいまとこれからの学力観>（ぎょうせい・2017年）、「教育社会学事典」7章、生涯学習と地域社会<民間教育事業>（丸善出版・2018年）など。

眠《ねむ》れなくなるほど面白《おもしろ》い
図解《ずかい》　統計学《とうけいがく》の話《はなし》

2019年7月10日　第1刷発行
2021年9月10日　第2刷発行

監修者
小宮山博仁
発行者
吉田芳史

印刷所
図書印刷株式会社
製本所
図書印刷株式会社
発行所
株式会社日本文芸社
〒135-0001　東京都江東区毛利2-10-18　OCMビル
TEL 03-5638-1660（代表）

＊

ISBN978-4-537-21698-1
112190627-112210902 Ⓝ02 （300016）
編集担当・坂

URL　https://www.nihonbungeisha.co.jp/